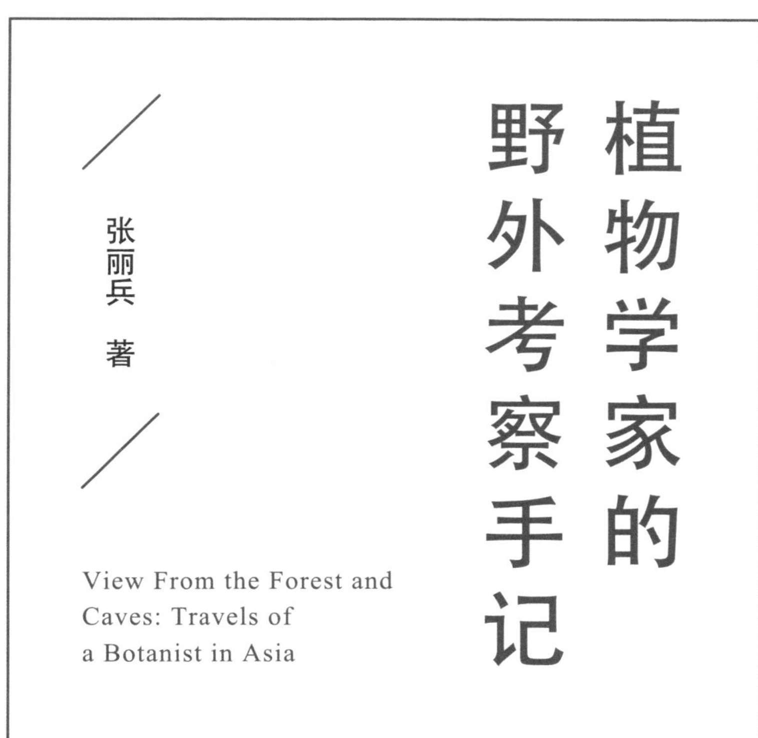

植物学家的野外考察手记

张丽兵 著

View From the Forest and Caves: Travels of a Botanist in Asia

中国农业科学技术出版社

图书在版编目（CIP）数据

植物学家的野外考察手记 / 张丽兵著. --北京：中国农业科学技术出版社，2021. 10

ISBN 978-7-5116-5393-2

Ⅰ. ①植… Ⅱ. ①张… Ⅲ. ①野生植物—科学考察—世界—文集 Ⅳ. ①Q948.51-53

中国版本图书馆 CIP 数据核字（2021）第 117597 号

ISBN 978-7-5116-5393-2

ISBN 978-1-935641-27-8

中国农业科学技术出版社

China Agricultural Science and Technology Press

与

Missouri Botanical Garden Press

密苏里植物园出版社（Missouri Botanical Garden Press）

联合出版

责任编辑 周 朋 褚 怡
责任校对 贾海霞
责任印制 姜义伟 王思文

出 版 者 中国农业科学技术出版社
北京市中关村南大街12号 邮编：100081
电 话 （010）82106643（编辑室）（010）82109702（发行部）
（010）82109709（读者服务部）
传 真 （010）82106650
网 址 http://www.castp.cn
经 销 者 各地新华书店
印 刷 者 北京科信印刷有限公司
开 本 170 mm×240 mm 1/16
印 张 16
字 数 257千字
版 次 2021年10月第1版 2021年10月第1次印刷
定 价 88.00元

正值联合国生物多样性公约第15次缔约方大会开幕之际，浏览张丽兵博士《植物学家的野外考察手记》书稿，为他野外考察的艰辛、发现植物新类群的喜悦、蕨类植物分类学的卓越成就所感动。保护生物多样性就需要这样全身心投入的分类学家。他的所见、所闻、所感、所悟都是宝贵的财富，无论什么知识背景的读者都会从中受益。我特别希望有理想有抱负的年轻人能够认真阅读这本书，为自己的事业规划增加参考的样板。借此机会，向张丽兵博士和所有为植物分类学事业做出重要贡献的学者表达由衷的赞赏和诚挚的谢意！

马克平

中国科学院植物研究所教授

世界自然保护联盟亚洲区域成员委员会主席

《生物多样性》杂志主编

All humans and animals depend on plants, either directly or indirectly for obtaining nutrients, oxygen, and other benefits.With the global warming and changing environment, about 40% of plant species are at risk of extinction, and some of them even do not have a name. Botanists around the world are working hard to document as many species on the earth as possible so that we can take measures to conserve them. In this context, I am glad to see Libing's book is published. From the numerous interesting images in the book, I can see a botanist's joy, danger, hardship, and dedication during the field trips as I experienced myself when I conducted fieldwork. I also see fascinating plants, their habitats, and local people and their cultures, which makes the book even more intriguing. I wish I could understand the Chinese contents in the book.

Peter H Raven

译文：

所有人类和动物都直接或间接依赖植物来获取营养、氧气和其他好处。随着全球变暖和环境的变化，大约40%的植物物种面临灭绝的危险，其中一些甚至还没有名字。世界各地的植物学家正在努力记录地球上尽可能多的植物物种，以便我们能够采取措施保护它们。在这个意义上，我很高兴看到丽兵的书出版了。从书中众多有趣的图片中，我可以看到一个植物学家在野外考察中的喜悦、危险、艰辛和奉献精神，就像我当年在野外考察中所经历的那样。我还看到了书中迷人的植物、它们的栖息地、当地人和他们的文化，这使得这本书更加有趣。我真希望我能理解书中的中文内容。

彼得·雷文

（彼得·雷文：博士，美国密苏里植物园名誉主任，美国科学院院士，中国、英国、澳大利亚、俄罗斯、印度等多国科学院外籍院士。）

前言

人类的生存直接或间接依赖于植物。植物的光合作用为地球上的各类动物包括人类提供氧气；植物是地球上大多数生物的主要食物来源，人类必需的各类粮食、蔬菜、水果、调料、香料大都来自植物；人类房屋的修建、家具的制作，也离不开植物；植物还为人类提供各种药材，帮助我们治愈各种疾病。屠呦呦先生提取的青蒿素，以及在人类健康史上发挥过或正在发挥重要作用的阿司匹林、喹啉、紫杉醇、洋地黄类强心剂等，最初都是直接来自植物。植物帮助我们净化空气、水源和土壤中的污染物，吸收掉空气中大量的温室气体二氧化碳。植物在园艺、绿化和改善人类的生活环境方面，更是意义重大。

生物多样性包括各种植物种类的保护，关系着人类未来的命运。然而，许多植物正面临生存威胁，甚至已经灭绝。随着全球变暖、人类活动增强和环境破坏，越来越多的植物在还没被认识、记录，甚至还没有名字之前，就已经消失了。

植物学家的任务就是探索、命名和记录地球上各种不同的植物种类，研究和发现各类植物的名称、形态、分类、分布、生境、习性、数量、亲缘关系和濒危程度等，以便更好地开发、利用和保护各类植物。

地球上大约有40万种植物，而其中15万种左右的植物还没有名字或没被发现。发现和记录地球上的所有植物物种，是一场植物学家与时间的赛跑。

植物学家时常需要深入原始森林和其他许多人迹罕至甚至危险的地方，对植物进行观察、采集和研究。这本《植物学家的野外考察手记》收集了笔者2016至2019年在中国、菲律宾和泰国的野外考察蕨类植物时的日记，真实记录了植物学家在野外考察中的苦与乐，对植物和植物学的执着与奉献，以及在野外考察中的所见、所闻、所思和所想。

笔者想借此感谢中国农业科学技术出版社周朋博士的辛勤工作和高质量的编辑，感谢出版社其他人员的帮助，感谢美国密苏里植物园出版社的联合出版。感谢参加笔者野外考察的其他队员，包括张良博士，周新茂博士，Rossarin Pollawatn教授，Ponpipat Limpanasittichai先生，Puttamon Pongkai博士，段一凡教授，Matthias Kropf教授，Ngan Thi Lu博士，苗馨元女士，李春香教授，Sahut Chantanaorrapint教授和他的学生AM、BO、EM、Ice，杨柱金先生，蒋文平，以及书中提到的所有帮助过笔者野外考察的人。感谢帮助鉴定书中的部分动物、植物和蘑菇的张良博士、周新茂博士、徐济责先生、韩孟奇先生、许可旺博士、许晓岗教授、金效华教授、陈正为先生、江建平教授、丁利博士、郝家胜教授和白琳博士。感谢笔者的长期合作者高信芬教授的帮助。感谢笔者的家人对笔者的长期支持。

张丽兵

2021年6月6日于圣路易斯

目录
Contents

中国·贵州

2016年

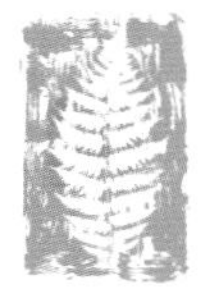

2016-10-06

惠水

去了惠水县的改尧镇，考察了6个山洞，其中一个非常美丽，大而湿润，但生境被破坏了。看到了5种耳蕨，但是没有发现任何新东西。

美丽而湿润的岩洞，但生境已被破坏，可能里面的珍稀物种甚至新种，在尚未被发现之前已经灭绝。

石灰岩山中的一座水库。
蓄水是石灰岩地区的大问题。

2016-10-07

惠水—长顺—紫云

原本打算去长顺县，在高速公路上行驶15分钟后改变了主意，因为我们看到了很多石灰岩山。今天的明星是一个“天坑+洞穴”。我们花了1个小时才下到天坑底部。这条小径陡峭而危险，只有我和向导去了。景色很美，但底部的洞穴太小，没有任何特殊的物种。采了2种柳叶蕨和1种卷柏，看到了1种魔芋。还有1种豆科植物，它红色的根就像桦木的根一样，令人印象深刻。

之后，我们去了长顺的庐山镇，道路崎岖不平。还好，我们有一辆四轮驱动的越野车和一个经验丰富的驾驶员。在那里我们考察了4个山洞，没有新的物种，但我第一次看到一些可以上溯到三叠纪的珊瑚化石。

今晚，我们住在紫云县的一家酒店。

一个天坑，景色很美，小径陡峭而危险。

岩壁上的镰叶卷柏（*Selaginella drepanophylla*）。

2016-10-08

紫云—贞丰

紫云县的这家酒店很好。

7：30我们开始吃早餐。我喝了3杯豆浆，吃了好几个红薯和两个包子（一个甜，一个咸的带肉）。

8：15我们开始向西南行驶。天正在下雨，我有点儿担心——进行野外作业时我讨厌下雨。大约1小时后，我们到达了贞丰县，然后到达了者相镇。

我听说在一个石林附近有一个山洞。然后，我们试图找到石林，但花了一个半小时，还是找不到它——十字路口常常没有路标，不同的村民给了我们不同的指示。我们最终放弃了，决定回者相镇。在途中，不知是何原因，道路要封锁30分钟，我们被警察拦下。我们请司机带我们去一个村庄，以免浪费这段等待通行的时间。我们跟着一辆出于同样原因而被堵的白色轿车，驶往一个村庄，在那里我再次询问了洞穴信息。一个半醉的男人和他的一个朋友一起带我们去了一座山。

已经是11：30了，但是我们才刚刚开始寻找今天的第一个洞穴。洞穴的入口太小，甚至被一堆石头挡住了。令人兴奋的是，我从带路者那里打听到，在者相镇油菜冲有一个名叫安家洞的著名洞穴。我们想给他们每人20元，但他们没有收。

之后，我们回到了者相镇，在当地一家餐馆吃了午饭。老板是兴义县人。同伴们吃了米粉和汤，还有炒米粉，而我吃了饺子（实际上是抄手或馄饨）和各种美味的泡菜。我们都对午餐很满意。

询问如何到达油菜冲并不难。我们到了村子里，一个15岁的男孩带我们去了一个路口，然后我们自己去寻找洞穴。大约30分钟后，我们找到了。但洞口太干了，不利于蕨类植物生长。

回到村里，前往兴北镇。在那里，我出去跟一些在街上打牌的人聊天。花了一段时间，我才终于意识到，此地没有我们需要的“好”洞穴：洞口大，洞穴内坡度小，有阳光深入，内部几百平方米，高湿度，最好洞顶有滴水。

之后，我们又去了花江镇，在那里我问了一个老人关于山洞的信息。他带我们去看了村子里的两个山洞，但两个山洞都不是很好。我们给了老人30元钱，离开了村庄。

这时，我们几乎到达了北盘江的江边。司机说，我们也许从山上下了1 000米。当我们看到板当乡路边一家餐馆有野生猫鱼的广告时，停下来跟饭店老板讲好了住宿和有鱼晚餐的价格，合计390元。那里的鱼又鲜又嫩，每个人都非常喜欢。还有南瓜片、土豆、白菜和豌豆苗，甚至鱼汤都非常好喝。所有人一致认为，这是我们迄今为止吃过的最美味的鱼餐之一。

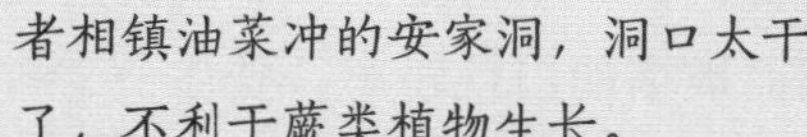

者相镇油菜冲的安家洞，洞口太干了，不利于蕨类植物生长。

一种榕树（*Ficus* sp.）茎上长的果。

2016-10-09

贞丰—关岭—普安

8：15，我们离开了那家路边饭店。车在15分钟内从海拔约680米爬升至约1 200米。山谷的景色很美，向远处看是高耸的山峰，向近处看有花椒树、火龙果树和石灰石，但我们错过了山口的风景点。

我们向北去关岭布依族苗族自治县，途中有很多石灰岩山。途中没有发现任何好的洞穴。到关岭后转去上官镇。路遇一位卖柿子的老人，他告诉了我一些关于洞穴的信息。我想以180元买下所有的柿子，然后请他带我去他村子里的洞穴，但被拒绝了。我们不得不去他的村庄里另外找人。那天是赶集日，许多村民去集市，而其余的成年人正在帮助一个家庭盖房。我成功地说服了一位好心人帮助我们在13：00去找洞穴。那时是10：40。

我们先离开这个村庄去寻找另一个村庄的洞穴。在途中我们遇到了一些村民，其中一个人不情愿地与我们一起在另一个村庄里找到一个“好”的洞穴。我们爬到山洞里。那是一个美丽的洞穴，但过于干燥，洞口太大，无法在洞穴底部保留住湿气。我们什么也没发现，但仍然为看到如此美丽的洞穴而高兴。我们回到了第一个村庄，找到之前那位好心人，他带我们看了3个山洞，最后一个山洞非常大且美丽，但我们只发现了一种耳蕨，多羽耳蕨（*Polystichum subacutidens*），是这个地区的常见物种。

17：00，我们出发去普安县，18：30到达。当我们下车时，天正在下雨，我们感觉很冷。我希望这种寒冷是因为下雨而暂时的，因为如果真的是持续的寒冷天气，我们必须停止野外工作。晚餐是乌鱼酸汤火锅，每斤鱼40元，我们吃了4斤。酸汤火锅的锅是用石头做的，据我们的司机说，这样的石锅在四川很流行。贵州以酸汤鱼闻名，凯里酸汤鱼可能是该省最有名的。今晚的鱼不如昨天的嫩，但仍然很美味。我们团队中有一个人说他更喜欢今天的。

20：00，我们入住一家非常不错的新酒店。压完标本后，司机和我一起看了浙江卫视的《中国好声音》，决赛！

贵州常见的石灰岩山峰。

我在石灰岩壁上艰难爬行。

2016-10-10

贞丰—关岭—普安

7：30是我们默认的离开酒店的时间。当我被手表定制的闹钟惊醒时，听到了司机的呼噜声。我便通知队友们，将我们的离开时间推迟到8：00——我们的驾驶员必须睡个好觉才能安全地将我们从一个地方送到另一个地方。

我们在一家穆斯林餐厅吃了米粉，味道真好。上车出发后，我注意到小苗的额头上有一条宽大的带子，原来她感冒了——昨天实在是又冷又累的一天，衬衫都被汗水浸透了，再经冷风一吹，很容易生病。我们将车调头，在一家药店买了感冒药，又重新开始了前往楼下镇的旅程，唐博士的弟弟在等我们。

唐博士正在我密苏里植物园的实验室里，要待一年，普安是他的故乡。唐博士非常热心，给了我很多有关普安洞穴的信息，并请他的弟弟帮助我们在普安寻找洞穴。

通往楼下镇的路曲曲折折，杨师傅的车开得很快。感冒了的小苗身体受不了这样的路况和速度，在9：33下车呕吐。野外考察刚开始几天，我们的一名队员就生病了，开端不顺——我们的野外工作一如既往的艰苦。也许我们需要放慢一点步伐。

唐兄弟说楼下镇没有好洞穴，因此10：00我们到达青山镇，等待他与我们会合。天下着雨。出野外时我讨厌下雨。我不喜欢一整天都全身湿冷，但是有时候我们必须在这样的条件下工作。是的，我们每天都有美食，我们每天都能看到美丽的景色，我们每天都会努力工作，而且经常在恶劣甚至有时是危险的条件下工作。作为一名科学家，我感到自豪，科学发现——通常难以做出，但可能对科学很重要。成千上万敬业的科学家将科学发展到了今天这个水平。

唐兄弟和我往采花洞的方向走了100米，其他人则在车里等着，天在下雨，没有必要让每个人都全身湿透。唐兄弟也停下了——他不想让自己被雨水淋得更湿。我一个人去了洞穴的底部。走了大约一公里后，我来到了一个山洞前，但有一条河阻住了去路，我无法渡河。我决定放弃，因为这个洞穴是一个穿洞，我认为洞里不会有一些特殊的蕨类植物。

我回到车上时，已经快中午12：00了。

随后，我们去了洞口村和另一个村庄。在洞口村的黑洞发现了一种新的耳蕨，并在另一个村庄的同名洞穴中发现了一株疑是新种的耳蕨。

整天都在下雨。当我们回到车上时，我的衣服（包括内衣）都湿透了，雨靴里面也进了水，我的脚趾全泡在水中。当我们到青山镇吃晚饭时，我感到很冷。当其他人在等唐兄弟邀请的牛肉火锅时，我不得不在车上换下所有衣服。这顿饭很好吃，我们喝了4瓶雪花啤酒。唐兄弟坚持要付饭钱，非常客气。那是个雨天的艰难日子，但我们可能发现了两个新种——这是5天来最成功的一天。

美丽的洞穴中的弱光生境，经常带来意外的惊喜。

在一个洞穴中，发现新的耳蕨（*Polystichum* sp.）。

2016-10-11

普安

8：00我们吃了酒店的牛肉面，酒店的主人是一个穆斯林。在我们到普安的第一天，我就注意到那里有很多穆斯林餐馆，这让我感到非常惊讶。普安和青山镇住着许多穆斯林，要是弄懂他们是如何迁移到贵州的，应该很有趣。昨晚我和一个老人聊天，他说当地穆斯林是很久以前从中东地区移民的，我不能确定这种说法是否正确。贵州人，汉代前很多是当地夜郎（部落）人，后来三国、唐代、宋代、元代、明代时，中国其他地区和乌兹别克斯坦的巴库有很多人移民到贵州。

9：00离开饭店，前往唐博士的家乡楼下镇。我们的向导唐兄弟开着他自己的车，我们跟在他后面。雨停了，但外面只有13℃，我们的车窗上结了很多霜。我没有想到，我们现在所处的地方居然海拔约1 800米。当我们的车非常接近唐兄弟的车时，我对杨师傅说："你想超他的车吗？""不。越野车怎么超得了轿车？"他反问我。"但是你在路上超了所有的车！"我赞叹！杨是一个很好的司机，曾经在川藏公路上开车，他开得非常快，我相信他的车技。

10：00我们的位置下降到海拔1 400米。在一个十字路口处，唐兄弟停了车，上了我们的车。我们向左，朝一个有山洞的村庄进发。我们看了绵羊洞，它大小还不错，但是太干了，不够深。

当水不再从洞顶滴下来时，一些要求高湿度的植物便灭绝了。我要寻找的蕨类植物便属于这类植物。随着全球变暖和环境变化（如森林砍伐）的影响，我的洞穴蕨类植物还能坚持多久？它们中有多少种类还能存活？这是一场与时间的竞赛。我的目标就是，发现它们并评估它们的濒危状况，再看看我们能做

什么来保护它们。

12：00左右，我们到达布鲁村。昨天的雨水让小径的草依然湿漉漉的。唐兄弟带领我们来到了一个废弃的田地，他说，这块地属于他自己。他离开了村庄很多年，现住在另一个邻近的城市。他带我们寻找他小时候放牛时去过的一个洞穴，但他记不清楚了，给几个朋友打了电话也没有得到太大帮助，他感到有些尴尬。我们跟随他去找另一个山洞，但也没找到。路上的一个老人给我们指路，我们找到一个洞口很小的山洞，但我对它不感兴趣。

我们回到了公路上，看到路边有人在收老南瓜。我问唐兄弟是否可以买一个。我对白水煮老南瓜非常感兴趣，美味又健康。唐说我不需要买。我很高兴地选了一个椭圆形的，然后把它带到我们的车上。我想之后请饭馆的厨师为我们煮一锅老南瓜。

岩洞洞顶的滴水在洞里形成的美丽碳酸钙沉积图案。

我们去了唐兄弟家的房子，并在他家门前拍了合影。然后我们拜访了唐博士家的老房子，它是用石头砌成的，虽然不大，但看上去结实而优雅。屋顶有些地方漏雨，我担心这房子早晚会垮掉。我问为什么这座房子不卖给别人。唐兄弟向我解释说，他们村里有个传统，即房子是从祖先那里继承下来的，不能出售或给别人。这是个有趣的尊重祖先的传统。也许，还跟当下中国农村人口急剧减少有关吧？想到这样朴实美丽的农村建筑、景观、文化在以极快的速度消失着，心里不免惆怅万千。唐博士全家已经搬出这个村子很长一段时间了，他是从唐村走出大山的成功典范，现全家生活在大都市广州。

大约在15：00，村里唐兄弟的亲戚家招待我们每人一大碗面条拌猪肉末炒新鲜青椒丝和红辣椒末，还有肉汤。非常好吃。

15：45，我们谢过唐村人，离开了村庄。回到了唐兄弟停车的路口，与唐兄弟说了再见，感谢他在过去两天的帮助。

16：00，我们到达普安的清水镇，去了陈龙地村，考察了三门洞。那是一个华丽的洞穴群，3个洞穴与1个面积达半个足球场的巨大大厅相连。我们采到了多羽耳蕨。

18：00左右，我们回到镇上。

这样朴实美丽的农村建筑、景观、文化正以极快的速度消失着。

2016-10-12

普安

在普安县地瓜镇的一个村庄，我下了车，问一个编织竹篮的人哪里有洞穴。他和他的朋友指给我一个不远处的洞穴。然后我们调转车，驶向一条河的河岸，但是我们迷路了，又回去问同一个人。我后悔自己在询问时没有考虑所有因素。

我们回到河岸，过了河，但仍然不知道在哪里可以找到山洞。又走了大约500米之后，我们看到了很多石灰岩峭壁，那里似乎有一个洞穴。我们都对这一判断充满信心。我们爬着山，却找不到一条可以向上爬的小路。我们想先到达上面的玉米地，然后再从那里继续上去。花了整一个小时才到达高耸的悬崖下面。令我们失望的是，悬崖下面的平地是烟草地。我们过了烟草地，来到悬崖下，却找不到任何洞穴。我们不得不回到河岸。从另一条路线下山，倒是容易得多。一个半小时之后，经过艰苦的努力，我们什么也没发现，只好回到了车上。

我们开始前往普安。一分钟后，我下车问了一个骑摩托车的人。他告诉我，上穆卡村有一个大山洞。靠着手机导航，大约20分钟后，我们到了村庄。费了一会儿工夫，才找到人，向他打听这个山洞的信息。

13：30，我们在路边小摊吃了些豆沙糯米饭和辣椒鸡作为午餐，杨师傅和小苗吃了些五香烤豆腐。这是这次野外中我们第一次吃糯米饭。吃完咸糯米饭后，我又要了一碗，然后放些糖，很好吃。对我来说，糯米饭是要配大豆粉、核桃粉和蜂蜜的，这是小时候在国庆节才有的美食。

午餐后，我们找到了一位愿意带我们去对面山上洞穴的女士。但几分钟后，这位女士改变了主意，说我们应该请其他人当我们向导。在合理的向导费的范围内，没人愿意带我们去，我们得自己去。

开始时有条小路，但很快，这条路变得无法辨认。我们沿着山谷往上爬，通常很难决定要走哪条路线，得攀登巨石或穿过灌木丛和高高的草丛。很多时候，我们要先尝试一条路线，然后返回并尝试其他路线。

花了快一个小时，终于到达洞穴的入口，我们对这洞穴之美惊叹不已。大量的喷泉水从洞穴中流出，有一条沟渠将水引到远处的村庄。水很清澈、很冷。在洞穴的中间，是由碳酸钙构成的巨大的石笋，在过去的数百万年里，由从洞顶流下的富含碳酸钙的水滴滴下形成——与滴水穿石正好相反，这是滴水成石。

岩洞中的石笋是耳蕨属（*Polystichum*）、卷柏属（*Selaginella*）、铁角蕨属（*Asplenium*）植物常见的栖息地。

洞里面长满了美丽的蕨类植物，这些植物主要是三叉蕨属（*Tectaria*）的蕨类，也有尖刺耳蕨（*Polystichum acutidens*）和肋毛蕨（*Ctenitis*）。在中央石笋的右侧是一个小石笋，滴水不断将其敲打。在这个直径约1米、高约1.5米的小石笋上，我们发现了我们今天的第二个耳蕨新种，它类似于对生耳蕨（*Polystichum deltodon*），个体很小。我们在洞里只找到10棵，仅有两个成熟个体。哇！这应该是世界上分布区最狭小的最濒危的物种之一。我很高兴发现这个物种，同时，我也非常担心它的命运。如果由于环境变化和全球变暖，水不再从洞顶滴下怎么办？如果游客不小心踩到了小石笋怎么办？如果有一个坏人为了卖钱而砍掉石笋怎么办？如果洞顶倒塌怎么办？如果……我不能再多想了……

一种耳蕨（*Polystichum* sp.）。这应该是世界上分布区最狭小最濒危的物种之一，比大熊猫不知要珍稀多少倍。

2016-10-13

普安

在地图上，我找到了一个名为野猫洞的地方。没有其他好主意，我们决定去看看那个洞穴。

在询问洞穴的途中，我偶然获悉了一个叫作麻雀洞的“巨大”洞穴。当地农民为我们指明了方向。我们爬上去，发现了一个小的干燥的洞穴。

我们去了村子。一个好心的农夫告诉我们，离村约30分钟路程的地方还有一个洞穴。我决定一个人跟他去那儿。大约40分钟后，我失望地回来了。

在等我的时候，我们的司机老杨得知在一个叫作白石的村庄里有一个大洞穴。我在百度地图上找到了白石村，然后我们去了另一个叫作沙四元的村庄。幸运的是，我们遇到了一个当地的好心人，他带我们去了一个叫作老虎洞的洞穴。我们花了大约40分钟到达洞口，然后我们的向导回村子了，他忙着。

这个山洞足够大，我们采到了多羽耳蕨。

返回时，我们没有走同样的路，而是在山的右山脊上走了一条“捷径”。

刚开始时，小路很不错，大约20分钟后我们迷路了。我们可以看到距我们大约500米之外有一条不错的小路，但我们不知怎么才能到达那条小道。我们穿过一片玉米田，但仍然找不到下山的路，只好返回，开始寻找之前见过的水管。当时的想法是，顺着水管一定可以回到我们要去的村庄，因为水管应该通到村里。我们往下走，没有任何小路。很难走，我们担心找不到回村庄的小路。考察队的其他队员说我在决定走哪条路时过分自信。我开始有点后悔，我们应该选择原路返回。

再过大约20分钟，我们终于走上了好路，每个人的心情都顿时轻松很多。

但是，我们仍然不确定这条小路是否通往我们要去的村庄。我们来到一个交叉路口，得决定往哪里走，小苗建议我们往下。由于我先前的错误决定，我没有反对她的想法。又到一个路口，她再次建议我们往下。

几分钟后，我们又迷路了，又找不到路了。我们看到一头小牛，小苗开始和牛交谈，希望它能指导我们的方向……我决定稍微往上走一点，因为似乎离我们约40米的地方有条小路。我们终于找到了一条不错的路，然后是一条泥泞的路。我们看到不远处一个女士在田间工作，问她怎么去沙四元村。她的回答让我们每个人都感到非常惊讶又失望——我们到了一个错误的村庄，叫作屏东。

在村里路过一个民房时，有很多狗对着我们咆哮，我们不得不从房子前面退回。房子的主人出来了。他非常友善，告诉我们有一条捷径去沙四元村。当他看着我们又犯错时，陪我们走了一段将我们送到正确的路上。我们感谢他的帮助，并准备离开屏东。突然，我问他村里是否有一些大洞穴，他的回答改变了我们的计划。他说他知道附近有很多大洞穴。我们很高兴，并请他带我们去探洞，他很高兴地同意了。他姓邓，平时在昆明工作和生活，现在回来看他村子里5岁的儿子。

他带我们去了平洞，我们在平洞的入口处发现了一种疑是新种的耳蕨。然后，他又带我们去神仙洞。那时大约15：00，我们没有吃午餐，每个人都饿了。我们吃了很多火棘（*Pyracantha fortuneana*）的果实，火棘又名救军粮，是一种蔷薇科的植物。在野外，从来都饿不着植物学家，因为他们认识大量的无毒、味美的野果子。

15：30到达了神仙洞，我们在山洞里看到了一种耳蕨。我正准备从上面的洞口下去，但被邓拦住了。他说，因为那是神仙洞，所以我们必须先敬拜神仙，然后才能下去。在我下去之前，我们每个人都向洞口鞠躬三次。在神仙洞，我们采到了前面平洞里采到的同样的疑是新种的耳蕨。

16：30左右我们回到屏东村，杨师傅已经把车开到屏东。

17：15我们回到普安。

简单而美味的晚餐。

蔷薇科火棘（救军粮*Pyracantha fortuneana*）的果实，可食用。

2016-10-14

普安

13：00，我们去了罐子窑镇的红光村。一位杜姓老人带我们沿着一条沟渠去了响水洞。当我们到达那里时，感到惊讶，因为它很小，而向导之前说它很大。在那里，我们看到了一种乌毛蕨（*Blechnum*）。

我们问杜是否有更大的洞，并请他带我们去，他同意了。我们到了一个村庄，海拔1 300米。30分钟后，到了海拔1 500米。杜说我们离名为“崩河”（河洞）的洞穴还有一半的距离。在贵州的很多地方，洞穴被称为“崩”，所以“崩河”即为河洞。

然后我们的车沿着公路开始下山，下降到大约海拔1 200米，到达了也称崩河的村庄。一些道路工人在铺路。我们沿着铺好了水泥路的一侧走了大约1公里后，看到了与我们相对的山脚的洞穴。我们下降约200米，并走了约200米，进入洞穴。

那是一个巨大的洞穴，但洞口太敞，因此很干燥。我走进里面，检查了唯一的绿色的巨大石笋，看到一些幼体的三叉蕨（*Tectaria*）、肋毛蕨（*Ctenitis*）和膜叶铁角蕨（*Hymenasplenium*）植物，但找不到耳蕨。我拍了几张洞穴的照片，然后离开。

向导带着我们走了一条捷径，但事实证明它很难走，因为太陡了。在到达公路之前，我们不得不几乎垂直向上爬行。在返回崩河村的路上。一名35岁的村民说，不远处还有另外3个山洞，并愿意带我们去那里。我一个人和他一起去了第一个洞穴。它太干燥了，洞内有大约20只山羊。我拍了一株苦苣苔科石蝴蝶属（*Petrocosmea*）植物的照片，因为我的朋友孟奇在研究这个属。向导给我指了第二个洞穴的方向，我独自一人在他的“监视”下攀登。我径直向上，发现这个山洞也太干又太小。他从远处向我大喊大叫着为我指下山的路线。大约离洞穴入口10米处，我看到一条蛇，长约1.5米，在它从我的左上方钻进石头里之前，我小心地拍了张它的照片。我很幸运没有踩到它。

回途中，当我们经过一些荚蒾灌木丛时，杜告诉我紫色的果实是可食用的。喔啊，我以前不知道，民间有很多书本上学不到的学问啊！我太渴了，便尝了些荚蒾的果。它们有点酸又有点甜，极大地刺激了我的唾液分泌系统，我立即不再感到口渴。

离开河洞大约100分钟后，我们终于回到了我们泊车的地方。我的衬衫完全湿透，但是这次不是因为下雨，而是因为汗水。小苗告诉我，今天我们走了超过3.3万步，这是这次野外考察中迄今走得最远的一次。如果考虑到我们所走的山路的崎岖与陡峭，我们今天的3.3万步应该相当于平路上的10万步吧？

山中的蚂蚁城堡。这需要多少只蚂蚁勤奋工作多长时间才能建造这样一座豪华宫殿啊！

野生荚蒾（*Viburnum* sp.）的果实酸甜适宜，是山中解渴良果。

2016-10-15

普安

本来计划在普安的同一家酒店再住一晚，上了车却发现这旅馆离我们想要去的地方很远。然后，我们决定退了旅馆，前往盘县（现盘州）杨基镇。我们在普安住了好几天，是时候说再见了。

6公里之后，我突然想起屏东的导游邓告诉我，杨家岔河有一些大山洞，我便请杨往那个方向行驶。我们走了同一条颠簸的路到达镇上。一位老人告诉我们，有两个大洞，但两个都很干，而且以前都住过很多人。看来，在这两个洞里没希望发现什么。然后，顺着同样的方向我们朝着相邻的盘县行驶。行驶了一段，我们发现公路因为维修而被关闭，幸好我们看到不远处的河对岸有盘县公路，那条路的路况好得多。

13：30，我们到达龙吟镇，在当地一家餐馆吃了午餐。我们很少有机会吃正式的午餐，今天是一个例外。餐馆老板的女儿很可爱，努力帮助母亲干活儿。她只有10岁，但是已经上六年级，这意味着她从5岁就开始上学了。我们吃午餐时，她的父亲刚起床。我们向他打听洞穴的情况，他说附近村里有一个。我请他带我们去那里。他一开始不情愿，但最终同意了。

在山路上走了约30分钟后，我们到了一个村庄。他为我们找到了一个当地村民，一个74岁的老人，老人把我们带到了一个大山洞里，那时是14：20。老向导告诉我们，要去那个洞来回得走5个小时。我很担心我们是否有足够的时间和精力走5个小时。但实际上我们只花了100分钟就到达了山洞，我们的速度比老人想象的快很多。这个洞穴有两个开口。我发现了一种与亮叶耳蕨（*Polystichum lanceolatum*）相似的物种，但具有全缘的囊群盖。我们又发现了一种我以为是峨眉耳蕨（*Polystichum omeiense*）的物种，但很可能是新种，因为它具有分裂的最终裂片而不是线性不分裂的最终裂片。

我们在16：50回到了我们停车的村庄。深一脚浅一脚地在山上跋涉了2小时40分钟后，我们都又渴又累，都想要一瓶冰镇的可口可乐。那时候我们非常钦佩可口可乐的发明者。可是，喝可口可乐是一个没法实现的心愿，我们只有瓶装水，并且水的温度还不低。我一分钟就喝了两瓶水。之后，在公路上颠簸了2个多小时，在车上我睡了好一会儿。

19：25我们回到普安，在一家有牛肉火锅的穆斯林餐厅吃晚餐。汤有点咸，但是所有人都对这顿饭感到非常满意，只有司机认为汤里的油太少了——他习惯了有很多牛油煮的四川风味火锅。

随着全球变暖，这样的山洞里面的许多物种在尚未被发现之前，就已经灭绝。

在一个山洞里发现的类似于峨眉耳蕨（*Polystichum omeiense*）的物种。

2016-10-16

普安

我们决定在普安再待一天，寻找江西坡镇一带的洞穴。远在密苏里的唐博士联系了他在高棉乡嘎巴村的朋友。在途中，9：34我们被道路工程拦下，之后行驶5分钟就又一次被拦下，然后再行驶10分钟第三次被拦下。我打电话给嘎巴村的负责人，但他在普安，不过他为我们找到了新的向导。

我们在11：00见了向导，他带我们去了村里的大洞口山洞，这是一个很棒的山洞，但是太干燥了。我为我的朋友拍了一些石蝴蝶属植株的照片。离开山洞，天开始下雨。向导告诉我们，这是村里唯一的大洞穴。

我们决定去高棉乡，但不得不等待公路工人放行。大约15分钟，我们进入高棉地界。杨师傅吃了一份砂锅米粉，他习惯按时进餐。在等待杨师傅吃饭时，我问一个过路的人关于山洞的事情，他说下嘎巴有3个大洞。我请他帮我们带路，但他不能去。我们决定在下嘎巴找向导。当时我打电话给村主任，请他为我们另外找一名向导。几分钟后，我们在一个丁字路口遇到了一个牵牛的人，他告诉我们去下嘎巴的路。不久，我们见到了一个姓邓的人，他爽快地答应帮我们带路，让我很惊讶。通常，我们很难找到愿意以合理的向导费为我们带路的人。这条路很泥泞和陡峭，杨师傅和我一直问邓，我们的车是否可以继续行驶，邓一直说“可以”。离开村庄约2公里处，我和杨都认为我们应该走路而不是开车。

我们下车走了大约30分钟，看到了猴子洞。它有两个相连的洞口，但都太干燥了。在几十年前，当地人曾经在这里躲过战乱，因此洞里的生境受到了极大干扰，我们什么也没找到。走出山洞时，下雨了。在返回汽车的路上，我们看了陆阴担洞。它的面积足够大，底部有一个大潭水，但是底部面积太小，不适合蕨类植物生长。最重要的是，洞顶没有水滴下来，因此我们没有发现任何有趣的东西。15：00，我们回到车上。

下着小雨，我们决定让杨将车开上去，考察队员步行。20米后我们的车无法前行了。雨后泥泞的路太滑了，坡也太陡了。急转弯时，情况更糟。我们所有人都下了车，将汽车向前推了1米、1.3米、1.5米，便再也推不动了。杨向后倒车，调整了一点方向。我们再次努力，但又失败了。杨看到不远处有些玉米秆。我跑去抱过来，将它们垂直散布在车轮前，以增加路面摩擦力。我们又推了一次，取得了一些进步，车轮摩擦玉米秆，散发出些玉米秆烧焦的味道，但汽车仍然无法移动多少。向导要我再抱一些稻草过来。我走了约60米，抱了3捆干稻草。我们把它们铺在车下，再次尝试，仍然没有太大帮助。我们的衣服都沾满了污泥，甚至我的眼镜和脸都有些污泥。我们意识到，没有别人的帮助，我们无

陆阴担洞，底部有一大潭水，但是底部面积太小，洞顶也没有水滴下来，不适合奇特蕨类植物生长。

我们的考察车被困在雨天的泥泞坡路上，我们用尽办法苦战数小时才脱险。

法摆脱困境。我请邓找一些当地人来帮助推车。杨说，需要再带些绳子。邓打了电话，但说他认识的人正在喝酒，无法来帮我们。然后，邓打电话给正在修路的那个公司的老板，他的一辆挖土机就停在离我们约20米的地方。他请这老板用挖土机将我们的车拖上坡去。老板同意了，但我们等待了大约40分钟还是没有人来。邓再一次打电话给这老板。原来，他派了一辆小挖土机过来，但司机没有找到我们，便返回去了。这老板再次派这辆挖土机过来。当挖土机到达我们的车时，已经是17：00了。挖土机非常强大，轻松地将我们的越野车拖了约100米上坡。杨开始开我们的车，但是50米之后，我们的车再次打滑，不能前行。挖土机又拖了我们的车大约50米，才完全上到坡顶。

挖土机的老板要我们付500元，但我们认为太多了。我们与他讲价，告诉他这样的费用不能从研究经费中报销，而只能从我们的生活津贴中出。他降到400元。最后，小苗出价350元，他终于接受了。我们感到非常高兴，可以再次上路了。

但大约100米之后，我们的车在一个急转弯处又打滑了，每个人都很沮丧。那老板和3名雇员的车到了。我恳求老板再次帮助我们。也许他对我们之前仅付他350元钱不满意，或者他不够友善，他拒绝再次帮我们。

我们都感到无助和绝望。这么晚了，天又下着雨，人生地不熟，我们能求谁去？如果我们被困在那里，在寒冷的夜晚我们待哪里？我们四个人在哪里可以吃晚餐？作为考察队领导，我感到害怕。那老板做了一件好事，他建议我们直接开过弯道，到弯道的左侧的一条小道去，然后再掉回来，以便我们可以直接爬坡，避免急转弯。

我们在路上放了很多沙子，我用一条PVC管子将沙子运到路上，再铺到路上。杨再次发动越野车，我们从后部用力推。车顺利过了弯道，车子往前走了一段。我们走在后面，担心车是否过得了下一个陡坡。过去了！我们惊呼起来！

过了一小会儿，我们很奇怪，杨把车子开回来了。原来，他没有过得了下一个长坡。我们又在后面推，车再次过了弯道、陡坡，杨不断加速，车子在泥泞的坡道上摇头摆尾地蜿蜒前行。成功了，我们的车子过了那个长坡！看着它消失在我们的视线，我有点紧张，但这应该是一个好兆头。走了大约1公里后，我们终于看到车停在路边等我们。我们上了汽车，直奔普安，没有一丝丝的愿望去再考察一个新洞穴，无论这个洞穴里有多少新种。

19：00回到普安。在这艰苦、危险的一天里，什么好东西也没采到。

2016-10-17

普安—盘县

8：20将行李装上车，然后步行到市场去吃早餐，再回到酒店取住宿票。我们吃了包子、花卷、米粉等，蘑菇和豆腐包子真好吃。我吃了3个包子和1个花卷——很多吧？是的，我经常为一整天吃早餐，因为不知道是否吃得上午餐。

经过15公里的高速路后，我们下高速，前往盘县的保基乡。

大约10：00到达羊场乡，我下车打听有关洞穴的信息。在路边买烤土豆、烤红薯和臭豆腐时，我和一些年轻人聊洞穴。其中两个人来自保基乡，说保基乡有个大洞穴。

然后，我们向右转。在一个十字路口，我再次问到洞穴，一个人说在不远的地方有两个洞穴。我请他为我们指一下方向，他同意了。我们的车行驶1.5公里后，我们下车，往山洞方向走，而杨将他送回刚才遇见他的地方。

过了约3/4的路程，我们停下了。我们看到，那个山洞太小了。我们回到马路，两分钟后杨开车来了。我们继续前往名为脚底村的村庄。我找到了一个叫车光红的彝族人作为我们的向导，他带我去了高山上的山洞。小路很难走，海拔从1 310米升到1 850米。这个洞在入口处很大，但又浅又干燥。我看到了蚀盖耳蕨（*Polystichum erosum*），还有1种乌毛蕨、1种肋毛蕨和1种石蝴蝶。我为朋友孟奇采了石蝴蝶。

回到村庄后，车把我们带到了一个很远的山洞里，那条路并不那么陡峭。

走下山坡，我们穿过一片平坦的草地，我们三面被高高的石灰石悬崖所包围——非常美丽的悬崖。我们在悬崖中央和我们上方约300米处看到一个山洞。

向导不知道怎么才能爬到山洞，我建议我们沿着右侧悬崖的底部走，但向导有些犹豫。实际上，我的建议很好，我们确实发现了一条不清晰的小道。我们到了山洞，但是和他之前带我们去的那个山洞很类似，太干又太浅。在回途中，我们在洞穴的左侧看到了多羽耳蕨。

回到村里，付了80元给车先生作为向导费。经过连续4个小时的行走，我感到很疲惫。

回到羊场乡，住在一家乡间旅馆。晚餐的羊肉火锅很贵，每斤85元。旅馆没有空调。晚上感觉挺冷。

在我国南方和越南北部石灰岩地区常见的多羽耳蕨（*Polystichum subacutidens*）。

这是我们进出村子的狭窄的公路。

2016-10-18

盘县

8：20，早餐的米粉很好吃，司机非常喜欢。他的口味重，被四川风味的菜肴宠坏了。当我们通过一座桥时，我们买了一些烤土豆和烤豆腐作午餐。我们的车停在一个靠近十字路口的地方，这路口的一条路指向我们昨天去的地方。

我问一个人附近的山洞情况。这个人很好，我几乎可以肯定他是个彝族人。他的儿子也帮助寻找信息，甚至找到了一段有关羊场附近的脚踩洞的录像。

我们继续前进，来到了厨子寨村。途中，我问了一个正在焊接铁笼的年轻人关于洞穴的信息，向他解释我们感兴趣的东西（我总是喜欢花一些时间这样做）。根据他的描述，我认为他谈到的一个洞穴可能不错。然后，他打电话给店子上组（数个“组”组成一个“村”）他的姐夫。他给了我他姐夫的电话号码。

大约7公里后，我们到达了第二个村庄，他的姐夫唐先生刚到达店子上组。唐把我们带到山上，带到大岩洞。这个洞的入口不是很大，有点太暗。我们什么都没找到。好消息是，在山洞的深处，有一条通向一个天坑的小径，该天坑是由山洞的洞顶坍塌而成。坍塌的岩石在洞内形成了一座小山，日光从顶部开口处射入洞中。洞顶有滴水。我们在洞穴内的小山周围搜寻，没有发现任何有趣的东西。就在我们快要离开天坑的时候，我们发现了一种新的耳蕨，它的叶子稍厚且呈深绿色，可惜只有4棵植物，包括1棵幼株。这是迄今为止我们发现的最濒危的物种。我们还在这个天坑采了些易变铁角蕨（*Asplenium fugax*）。

我们继续前往水城，去了雨那洼村。我们找到了一个向导，带我们看了

6个洞穴，第一个洞穴又大又干，而其他洞穴又小又干。我们采到了尖顶耳蕨（*Polystichum excellens*）和1种石蝴蝶。

17：00，我们回到雨那洼村。我以为我们到了乡上，因为沿街有很多好的房子，而且有很好的市场。原来这只是宝鸡乡的一个村庄。我们以21元的价格买了6公斤的橙子、苹果和梨，非常便宜。我们在这个村里吃了带猪脚的晚饭，餐厅的厨师做的汤很好吃。实际上，中午时考察队的两人也在那儿吃的午餐。

17：38，晚饭后，我们开始往羊场进发，那时还不算黑，18：30到达羊场。

我为今天发现了一个耳蕨新种感到特别高兴。

洞顶坍塌让阳光可以有限地进入洞内，也让蕨类植物的孢子有机会传入洞中。在洞中发育成的蕨类植物很容易因与外界隔绝而成为新种。

在洞内发现的疑是新种耳蕨（*Polystichum* sp.），其羽片较厚。

2016-10-19

盘县—水城

昨晚本计划去看中央电视台报道过的步行洞。早餐后，我改变了主意，我想那个洞一定是干的。

8：40我们往宝鸡方向走。10：00到达野鸡地。一位老人带我们去了大岩洞。那是一个美丽的洞穴，尽管地上和洞顶之间的距离并不大，地上面积却很大。洞顶有很多滴水的地方。地面陡峭但不是垂直下降，阳光能照进很深的地方，因此洞穴的有光部分达数百平方米。这是我们一直在寻找的理想洞穴，也是迄今为止找到的最好的洞穴。但是，我们没有发现任何新的蕨类植物。好吧，我希望在野鸡地大岩洞中采到的石蝴蝶是新的——我会问孟奇。在野鸡地，我们的向导说，还有另外3个类似于大岩洞的好洞穴。我请他带我们去，甚至可以给他高达200元的向导费，但他拒绝了，因为他有一个孙子要照顾。

今天是小镇上的赶集日，我们之前看到很多村民走到小镇上。我们只能自己四处打听，自己去。我们在界牌打听，在格索打听，但只在路边发现了一个小洞。在这个小洞里，我们看到了两个常见的耳蕨：蚀盖耳蕨（*Polystichum erosum*）和尖齿耳蕨（*Polystichum acutidens*）。

我们昨天的向导车先生正好路过并看到了我们。我们便请他带我们去看其他的村庄的洞穴。我们继续往搓播村行进。到花嘎乡时，我们加了300元钱的汽油。这时，我们还没有意识到已经在水城境内了。

在搓播村，我们考察了两个非常难到达的山洞，几乎是垂直爬上去的。

在第一个山洞中，我们采到了贵州石蝴蝶（*Petrocosmea cavaleriei*）、多羽耳蕨（*Polystichum subacutidens*）、莱氏耳蕨（*Polystichum leveillei*）和一个非

常像尖齿耳蕨的物种，我希望它是新种。

第二个山洞是我独自一人去的，只看到多羽耳蕨。当我到达山顶时，已经是17：40了，天色几乎漆黑了。

我们又问了几个当地村民，他们说有一个洞叫大岩洞。我问了其中一个人的电话号码，他姓张，并约好第二天再来找他带我们去山洞。

19：00到花嘎乡，找到一家当地酒店住宿，每个房间没有单独的浴室，只有一间共用浴室。小苗对这家酒店不太满意。

我们在隔壁的餐厅吃晚饭，几道菜都很美味。

考察过程常常艰苦而危险，这是我准备从悬崖上纵身跳下。

从山洞口俯瞰搓播村的田野和乡村小道。

2016-10-20

水城—盘县—水城

我们昨晚住的酒店是迄今最便宜和最差的，每人20元。所有旅客都与老板家共享一间浴室和一台电视。电视上没有电视节目，但老板在电视上播放了带有很多电影的VCD，而每部电影的播放时间仅为10分钟左右。

8：30，我们将行李装上了车。每个人都吃完早餐后，已经是9：10了。我有些不高兴，另两位队员吃早餐吃得慢。后来，小苗说了三遍“对不起”，我又感到很内疚。小苗不想再待在这家旅馆里了，那意味着我们需要早上去搓播村去看那个洞穴，然后去黄兴村见车先生，他将带我们去看其他洞穴。我们没有太多时间。

9：40左右到了搓播村。我打电话给张先生，在之前同样的地方见到他，他是骑着摩托车来的。这条小路很陡，但是走起来并不是太困难，因为有路。他带了条绳子，以为我们想下到洞里去探洞。大约30分钟后，我们到了山洞。令我失望的是，它太干又太小。我仍然下到洞里，采了近似贵州石蝴蝶的植物，有较密的毛。我们回到村子，付了张先生向导费，然后赶回盘县宝鸡乡黄兴村。

我们找到了车先生，他把我们带到了山上的一个小天坑。我的左腿受伤了，让我很不高兴，不太想去看另一个相邻的洞穴。但事实证明，那是一个更大、更漂亮的天坑/洞穴。当我到达洞里时，小苗和小卢已经在洞里，并大声叫喊他们找到了耳蕨了。他们知道，耳蕨属是中国南方洞穴里最奇特的一个蕨属。

我下到洞里，寻找其他耳蕨植株，并拍了些照片。这个种，类似于天坑耳蕨（*Polystichum puteicola*）和近斜羽耳蕨（*Polystichum paraobliquum*），但很可能是一个新种。我们需要分子数据来验证其身份。在车先生的带领下，我们又去了一个山洞，之后回到村里，杨和另一个人带我们去山上看一个新山洞。根据他们向小苗展示的照片，那应该是一个不错的山洞。但我们到达那里，发现它只有约1.5米高，每个人都很失望。

我们回到了十字路口，车先生希望他的兄弟带我们去另外一些山洞。他的兄弟首先带我们去了一个大天坑，在那里我们什么也没发现。然后，我们去了另一个天坑，还是没有收获。最后，他带我们去了嘿白村，我们从一座山中间的山洞里采到了一种类似于斜羽耳蕨（*Polystichum obliquum*）的植物。

经过一整天的辛苦爬行，终于在17：30我们上了车，完成了一整天的考察。18：30到达羊场。非常疲惫。

在宝鸡乡黄兴村的这个山洞，我们发现了一种奇特的耳蕨。

这个耳蕨是否是斜羽耳蕨（*Polystichum obliquum*），需要用DNA序列进一步为其验身。

2016-10-21

水城—盘县

我们在同一家餐厅吃了相同的面条。店主雇了3个人帮助他在饭店门前宰杀一头牛。这是我第一次看到这样的场面，感到震惊。尽管我们可能经常吃牛肉，但我不想看到牛被宰杀的样子。

路过普古乡，到达淤泥乡中合村。在那里，我问了3个彝族人关于洞穴的情况。他们说有个大的，但其中一个人要300元作为向导费，才会带我们去。最后我们谈好付他120元，他带我们去看两个洞穴。这是迄今我们支付的最昂贵的向导费。

大约行驶6公里后，我们在10：20到达马家洞。这个山洞很棒而且很大，那里生活着很多洞穴植物，包括尖齿耳蕨还有1种黄花凤仙花、1种石蝴蝶和1种卷柏。可惜的是，如此美丽的洞穴里没有蕨类植物新种。

之后，我们去了中心村偏岩组中一个较小但也非常漂亮的洞穴，该洞穴称为偏岩，在那里我们发现了一些与斜羽耳蕨相似的物种，希望这是一个新种。

然后我们去了沙河村坪地组一个名为杨家大洞的洞，在那里我们采到了亮叶耳蕨（*Polystichum lanceolatum*）和华北耳蕨（*Polystichum craspedosorum*）。

再后来，去了王家寨村一组大水井洞的一个名叫半月洞的洞穴，那里没有任何有趣的东西。

16：20，我们到达普古乡，决定住在政府大楼前的酒店。每间房80元，对于这样的城镇来算说是贵的。

在卸车之前，我们在酒店对面的一家餐馆吃了牛肉火锅，消灭掉1.7斤牛肉。我和杨都发现今天的牛肉比我们以前在羊场吃的牛肉好吃得多。

晚餐后，我们去市场打听洞穴的情况并买水果。一对卖烤豆腐的夫妇很希望带我们去妻子家乡的一个山洞。原来，我们下午看的那个洞穴叫做杨家大洞。我们买了几公斤的香蕉、梨、石榴。

天黑了以后，我们在停车场上处理了标本。后面的时间我不得不用我的手机为处理标本照明。

我不放过马家洞洞内这个石笋上的每一株蕨类植物。可惜由于全球变暖和森林砍伐，洞顶已经没有滴水滋润这个石笋上面的数十种植物。

疏松卷柏（*Selaginella effusa*）。卷柏是洞穴中的常见的石松类植物。

2016-10-22

水城

今天早餐吃的是包子。我吃了3种馅的——蘑菇、肉、糖和苏麻（一种唇形科的植物种子），再加豆浆，非常好吃。这是我们第二次吃包子，这次味道很棒。

去了天桥村，看了该地区最大的天坑。下到坑底的小路非常陡峭，实际上我几乎是垂直落下的。在离坑底约30米处，我几乎摔倒，很可怕。我检查了一些潮湿的生境，并与在洞内几名修路女士交谈。她们告诉我，他们是从村里来的，这是我没想到的，我以为她们都得像我一样从悬崖爬下来。在这里我采到了尖齿耳蕨和莱氏耳蕨。

当我沿着悬崖上爬并经过最危险的地方时，我再次感到恐惧，悬崖上没有什么可抓的地方。我终于成功上去了。

然后，我们去了村里，找到了通往天坑的小路。在与天坑孔相连的洞穴中，我们再次看到前面两种耳蕨。

在回村的路上，杨已经非常饥饿了，甚至无法继续行走。小苗给了他些糖果，但他甚至没有力气打开包糖果的塑料袋。

天桥村之后，我们去了六车河谷。在连心桥上，我们看到了一个水电站，水从一个山洞里流出。我们沿着杂草丛生的混凝土楼梯走到水边。在那儿只看到莱氏耳蕨，但从那儿看到的喀斯特山峰美极了。

之后，我们想去河上流，据说那里的水往上流。但我们找不到人带我们去那里。

离开了村庄，去了六车河，但找不到好的潮湿的洞穴。

杨发现，一天前我们在山谷的另一侧。我很惊讶！开车的人更注意观察路径。

我们从六车河回来，看到两个高山瀑布，然后去了其中一个瀑布的山脚。我与一些当地人交谈，向他们了解河上流的情况，并请一位来自马厂村的老人带我们去河上流。原来，在一个大天坑的两侧有两个洞穴，在那里我们只看到了尖齿耳蕨和多羽耳蕨。

我们往上走，尝了些树上的橘子，橘子很酸，我们不想买，让一个看守橘子的年轻人很不高兴。

离开村庄，把老人放在马厂村，付给他40元钱向导费。

在新寨村，我看了一个不远处的洞穴，在那里采到一种石蝴蝶的新种，它的叶脉非常明显，花紫色。

从山上的洞中俯瞰正在修建高楼的小镇。城市化正威胁着中国南方的喀斯特地貌和洞穴资源，威胁着洞内生长的一切生物。

2016-10-23

水城—安龙

在城外吃完面条、糯米饭和咸香汤、馄饨，前往笃山镇。我们走了一条小路，路过几个村庄，但看过的3个洞穴都太小。

继续往笃山镇的路上，我们的司机看到了一座山中间的大洞穴。我们去了那里，发现那是一个不错的大洞，是个山洞+天坑，但有点太干。更大的问题是，我们不能下到洞底，四周都太高，所以不得不放弃。

过了笃山镇，然后在向册亨县的路上行驶一段后，向一男一女询问孙家湾的方向，又回到笃山镇，朝贞丰县方向行驶。一个女士告诉我们，附近有一个大山洞，叫犀牛洞。按照她的指点，我们去了暗河村。一个姓李的村民带我们去了倒洞和一个大天坑周围的几个洞。

离倒洞约50米处，完全没了路。我带头，高高的草丛困扰着我们。在倒洞，我们采到了一种疑是新种的耳蕨，很像斜羽耳蕨，洞内仅约10株。我们还采到两种双盖蕨，其中一种可能是大羽双盖蕨（*Diplazium megaphyllum*）。

离开倒洞后，我们请李带我们去犀牛洞，在那里我们采到了多羽耳蕨和1种卷柏。然后去了孟奇告诉我的孙家湾的一个大山洞。那是一个大而美丽的洞穴，但洞内很多生境都被破坏了，以进行蘑菇养殖和修建一个水池。我们采到了莱氏耳蕨、亮叶耳蕨、尖齿耳蕨。去年孟奇在此洞采过一个小的耳蕨并寄给我标本；那时候，我不确定那是否为一个新种。这次亲自考察发现，那应该是莱氏耳蕨，并非新种。野外考察对植物学家确实非常重要，只根据标本馆里的标本，有时会做出错误的判断。

孙家湾之后，我们去了龙井村的龙井天坑。小苗呆在天坑口，李带我们其余队员往下走了约30米，下面是一段约100米长的陡峭而危险的黑洞。我们必须用手机照明才能下行，但我们只有两部手机，卢只好返回天坑口。卢在返回天坑口的途中，用的是李在路上发现的别人留下未燃尽的蜡烛来照明。

李和我在黑隧道中下行，风险很大——一个小小的错误就可能使我们丧命。大约15分钟后，我们穿过了隧道，再次看到了光明。我走到天坑的底部，在那里我查看了一个山洞。它很大，但是大部分地方都太干。在一个滴水的石笋上，我采到尖顶耳蕨（*Polystichum excellens*）和一个新的石蝴蝶，它长着蓝紫色花朵和宽大的叶子。

我们在17：15回到了天坑的顶部。

将李和他儿子（途中遇到）送到安河村。19：00，我们在离安龙不远的路边饭馆吃了晚餐。卢做了一种特别的沙拉，有香蕉花和柠檬，是在去倒洞的路上摘的。我们还吃了一盘椿芽炒蛋。

20：00回到安泰宾馆。

考察队安全结束了2016年贵州洞穴蕨类植物考察。

从背后危险的天坑/洞穴爬上来，向导和我终于松了一口气。

用从野外采得的野生香蕉花、柠檬，做个味道鲜美的沙拉，就算犒赏自己吧。

菲律宾

2016年

2016-11-13

马尼拉—黎牙实比

这次来菲律宾，是想为即将要发表的一篇论文准备一种蕨类植物的照片。对，这个蕨类物种只在菲律宾才有分布。

从马尼拉（Manila）起飞70分钟后，11：30到达黎牙实比（Legazpi）。晴天真棒。有趣的是，机场给乘客提供免费的黄色阳伞，供女士们保护面部皮肤。这是我第一次在机场看到这种情况。飞机降落时，我已经看到了火山山峰的独特形状。那里可能是我寻找我的蕨类物种的地方。我们乘坐了一辆特殊的出租车——三轮车，到了酒店。三轮车司机只要求50帕索（1帕索相当于0.14元人民币），非常低的价格。妻子刚开始不太情愿坐上三轮车，但很快便高兴地体验这种特殊的交通工具了。大约3分钟后，驾驶员停在一排单层房屋的前面。他说我们到了，但我对此表示怀疑，打开门，问接待处的一位女士。她确认这是我们订的酒店。我们对其简单、安静和整洁感到有些惊讶，又无比喜悦。我们很快入住，那位女士把钥匙和电视遥控板交给了我们，一个服务生帮我们拿手提箱。我们的房间是#37，我们忍不住爱上了这宽敞而干净的房间，里边配有冰箱和两张桌子，床垫非常舒适，硬度正好。在马尼拉喧闹的首都生活之后，我们真的需要这种安宁。

大约30分钟后，我们去了酒店餐厅吃午餐。我们吃了两种不同的鱼类菜肴，加上米饭、芒果奶昔和黄瓜奶昔。午餐后，我们乘坐三轮车前往马荣火山（Mayon Mt.）下的卡格萨瓦遗址（Cagsawa Ruins）。那里的建筑在1814年被火山摧毁。天气多云，然后下雨，山不可见。教堂和残墙古老而有趣。这座城市原本是15世纪时西班牙人建造的，但突然被火山毁掉。

菲律宾卡格萨瓦遗址（Cagsawa Ruins）的一棵大树的树干长满了石韦（*Pyrrosia samarensis*）。

在一家海滨餐馆的晚餐。作为植物学家，尽管我们的工作辛苦、危险，但我们时常能去一些一般人去不了的地方，欣赏到一般人欣赏不到的风景，品尝到一般人品尝不到的美食。

2016-11-15

黎牙实比

布塞瀑布（Busay Falls）的第一级瀑布，周围长满了蕨类植物。

今天早上睡过头了，10：00才起床。我有点担心可能太迟，因为今天得去森林远足。妻子为我点了大蒜鱼和米饭，在我起床之前，她已经吃过早餐了。过了一阵子，一个服务生才把我定的饭送到房间，我差点儿忘了付给他小费。

我们去了接待处，以获取前往布塞瀑布（Busay Falls）的信息。接待处的女士非常友善，并建议我省钱的路线。然后，我们乘了三轮车去了飞机场，是送我们到宾馆的同一个人带我们去了机场，我们付了50帕索。在机场，一名男子将我们带到一辆公共汽车上，并说公共汽车将在15分钟内出发。我们在公共汽车上等，车上只有几个人。公共汽车广播正在播放乔治·迈克尔（George Michael）的歌，"去年圣诞节，我给了你我的心，但就在第二天你就把它给丢了。今年为了让我免于流泪，我会把它送给特别的人……"他曾经是我最喜欢的歌手。我喜欢他的歌，如《无心呢喃》（*Careless Whisper*）、《心跳》（*Heartbeat*）等。巴士的最终目的地是塔瓦科市（Tabaco City）。司机上车后，我多次对他说，我们会在Maililipot下车，因为怕错过车站。大约在11：24，公共汽车出发了。它一路接载乘客，所以大约20分钟后，汽车几乎快满了。我们在大约正午时到达Maililipot，然后乘坐三轮车直至公路的尽头，在那里我们付了20帕索门票费和60帕索给司机。一名导游带我们去了第一个瀑布。它是如此美丽，水清澈见底。周围的蕨类对我来说更有趣，我看到了1种拟贯众、1种黄腺蕨、1种卷柏。

美丽的布氏黄腺蕨（*Pleocnemia brongniartii*），高达2米，其孢子囊群长在裂片边缘。

我们回到十字路口，选择另一条路往上爬。路太陡了，妻子不想往上去了。我要她把拖鞋换成旅游鞋，但她不愿意，我有些生气。当她回到入口时，导游和我，还有他的狗，继续往上爬。我们到达了第二个瀑布、第三个……第七个，但我仍然没有看到我想看到的蕨类。向导想下去了，我付给他130帕索，让他下去，而我继续往上爬。那时大约是13：30。我特别叮嘱他，要他告诉我妻子我很好，不用担心。

我沿着通往火山山顶的路走，仔细寻找想看的蕨类植物。在向导离开后，我有了更大的自由来细看蕨类植物。我注意了所有可能的三叉蕨属植物，但仍然找不到。我有点怀疑这个物种是否出现在北部，因为它是在菲律宾中部首先被发现的。我继续走到约15：00，返回第七瀑布。在那里，我再次看见那导游和他的狗，他说他是应我妻子的要求来找我的，我感到很惊讶。他说我妻子很担心，甚至哭了。我对这个消息感到震惊，于是赶紧下山并于15：30见到妻子。

我们穿过村庄，在路上买了一些自然熟的美味香蕉。到了主公路，一个好心人为我们挡下一辆短途巴士。16：40回到黎牙实比，在乘坐三轮车回酒店途中，我们发现了一家海鲜餐厅，在那里吃了烤金枪鱼、混合蔬菜和椰子汁。18：00回到酒店。

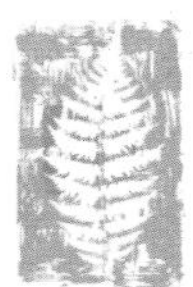

2016-11-16

黎牙实比—布卢桑—黎牙实比

上床睡觉之前，我在想如何利用明天来寻找我的植物，明天是我在这里的最后一天。快到午夜00：00，我突然想起了卡尔给我提供的一些加州大学伯克利标本馆的标本记录。我检查了携带的几张纸，发现我在一张纸上写了一个名叫布卢桑火山公园（Bulusan Volcano Park）的地方。我非常想知道布卢桑（Bulusan）在哪里，以及它离黎牙实比有多远。我想在电脑上进行了研究，但无法访问互联网。然后，我尝试了iPhone的热点，但仍然没有成功，我很不安。我们的宾馆纽豪斯酒店（Neuhaus Inn）提供免费Wi-Fi，但我们不得不每20分钟左右就得登录一次，这很烦人。在那个重要时刻，还根本连不上互联网。我走出去尝试，因为我想起酒店餐厅的信号很好。我走到接待处，没人在那里，保安室正在播放音乐，餐厅和厨房也很暗。我有点害怕，然后回到#37房间，决定入睡，以便第二天早起床来找出准确的地点。我在手表上设了两个闹铃，7：30和7：31。

睡得太香了。妻子叫醒我，我问几点了。她的回答让我非常震惊，已经是8：30了。我问她是否听到我的手表闹铃，她说没有。我立即打开笔记本电脑和手机。我需要在Google地图中找到“Bulusan”。幸运的是，我很容易找到了Bulusan，甚至查到了去那里的路线——离黎牙实比113公里。

我去宾馆接待处询问如何去布卢桑。两位漂亮的女士非常友善，为我提供了建议，并为我在一张便条上写下了重要的联系方式。如果我们乘公共汽车，得在两个地方转车，所以我决定乘出租车。我们走到马路上，计划去飞机场找出租车。我们正要坐三轮车去机场，一辆白色的丰田SUV出租车过来了。我停了下来，并与丰田车司机讲价。我说3 000帕索，而他要3 500帕索。妻子建议我们去机场，那里的出租车多。

我们乘坐三轮车到达机场。一个跟我一样矮的男士向我走来，我摸了摸他的肩膀，平静而自信地说道："一笔大生意，我给你2 800帕索，你带我们去布卢桑，然后返回。我们在那里最多待3个小时。行还是不行？"他试图提高价格。我坚定地说："不！只有200公里左右。行还是不行？"两秒钟后，他同意了。我知道他一定对这价钱很满意。

9：00，我们坐上了他的白色丰田SUV，他立即打开空调——这热带地区没有冬天。

我们注意到菲律宾南部的地区看起来更富裕，许多地方有美丽的海滩。2.5小时后，我们到达了布卢桑湖。我们支付了100帕索的公园门票、150帕索的导游费，买了150帕索的面条作为午餐。

白桫椤（*Sphaeropteris glauca*），一种树蕨，在此地不是珍稀蕨类，很常见。

当我们的向导诺埃尔（Noel）和我们开始在湖边步行时，已是12：30。风景很棒，但我只想找到我的蕨类植物。我看到了前天见到的拟贯众（*Cyclopeltis*），还有一种凤尾蕨（*Pteris*）、下延叉蕨（*Tectaria decurrens*），但是没有别的三叉蕨属的植物。我要妻子和诺埃尔走快一点，我得在后面慢慢观察我感兴趣的植物。几分钟后，我看到了一种蕨类植物，其网状脉和羽片形状和我梦寐以求的蕨类植物很相似。我拍了很多照片，但仍然不确定那是否是我想看的蕨类植物。实际上，我怀疑这是一种毛蕨（*Cyclosorus*），尽管没有孢子囊群。再过几分钟，又有那植物了，我证实了，那就是我想看的蕨类植物！我努力掩饰自己的兴奋。我希望妻子在身边，以便我可以和她分享这个好消息。我继续向前走，赶上他们，给妻子看我拍的照片。之后，我们去了在我们上方30米处的树冠步道。木制悬桥/小径在树上很高的位置。那是以前只有在电视上才看到的东西。

我们看到一个渔夫正在湖里撒网。一些菲律宾人陆续来到湖边，开始品尝他们带来的美食。尽管是旅游旺季，有大量游客，公园还是很干净的，这真是令人惊讶。我们向前走，看到了许多美丽的果实、花朵、蕨类、昆虫等，包括波罗蜜树、榴梿树。尽管许多地方的水泥小径都向湖边倾斜，但是小径通常不易打滑。蚊子很多，但它们并没有给我们带来太多麻烦。在途中，我们又看到了两次我想看的蕨类植物，这个物种在此地并不常见。我很高兴到湖边不久就找到了它。我拍的照片足以使整个旅行称为“成功”，需要庆祝！

我眼前就是这次考察想看的蕨类植物——睡菜蕨（*Polydictyum menyanthidis*）。我努力掩饰自己的兴奋。

15：30回到出租车泊车处，填写了公园评价表后，我们开始了回程。我给了公园最好的评价，并称赞他们的服务。大家都很开心。

在回程，我们停了3个地方，看美丽的海滩和马加山，鸟瞰马永山下的黎牙实比和优美的细沙海滩。

司机应我们的要求带我们去“螃蟹先生”那里吃海鲜。在餐厅，我们付了钱给司机，他留下了他的名片。显然，他为这笔收入感到非常高兴。

我们本可以为整个旅程找到更便宜的出租车，但是没有必要；2 800帕索仅相当于450元人民币，按我们的标准来说是非常便宜的。另外，向被访国支付更多的费用，使我们的接待国对游客非常满意，也更加友好，这似乎是双赢的局面。

当我们在海滩停下来拍照时，我们看到了很多渔船。我可以想象每天捕鱼对那个贫穷的村庄有多么重要。

晚餐时吃了蟹肉、黑豆蒸鱼片和混合的海鲜蔬菜，喝圣米格啤酒和两个椰子里的椰奶。

附生在树干上的无柄车前蕨（*Antrophyum sessilifolium*）。

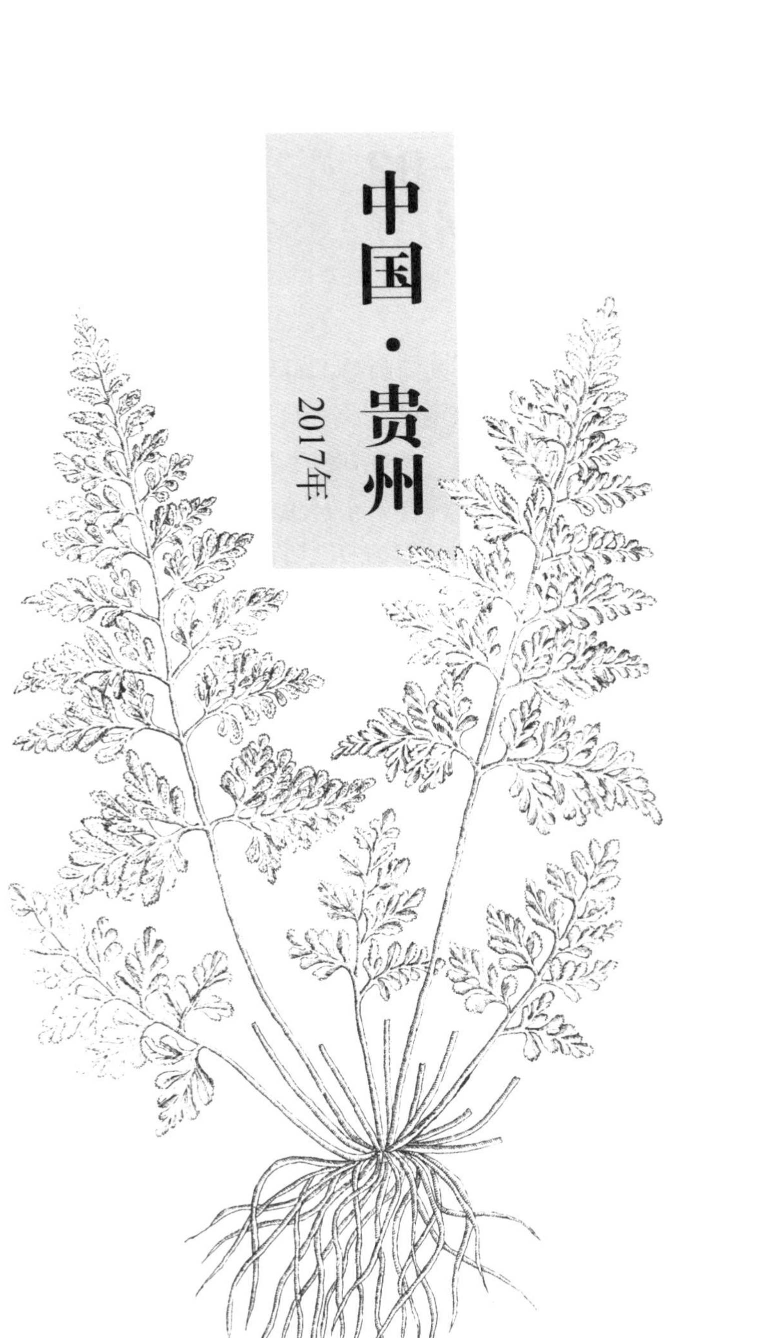
中国·贵州
2017年

2017-08-02

成都市—荔波县城

在德国读书时，我有个同门师弟，叫马蒂亚斯（Matthias；小马）。说是师弟，其实我们俩是同一年级的博士生，只是我比他大几岁。小马和我的论文，都研究欧洲高山植物的起源。他现在维也纳农业大学任教，主要研究植物谱系地理。跟很多西方的科学家一样，小马也是兴趣广泛，喜欢观鸟，还喜欢看蜘蛛、蟋蟀之类的小动物并给它们拍照。听说我又要去贵州考察洞穴蕨类，小马便希望跟我去贵州，自费旅游。欢迎啊，反正我们去的地方，对老外都是开放的，而且野外多一个帮手，是好事。

6：30从成都出发。一路狂奔。快13个小时后到达荔波。

记得几年前来荔波时，这里给我的印象好极了，不仅茂兰保护区的风景美，岩洞有特色，这里还是我们首次发现洞穴耳蕨的地方。屈指算来，我们已经在荔波发现了5个新种，但我觉得荔波的东西还是没弄清楚。这便是我第四次来到荔波的原因。

几年前的荔波没有高楼，有的只是五六层高的楼，城市不大，街道干净，夜晚时的樟江两岸的光明行动让荔波分外妖娆。我那时深深喜欢这个城市。

19：00左右到达时，我发现现今的荔波已经不是当初的荔波了。到处在修房子、修路，街上尘土飞扬。无数个品味庸俗的仿古建筑，不伦不类。太多的高楼遮天蔽日，让人有一种压抑感。拥挤的游客几乎把每一个即使是最低档的旅馆也挤得满满的。看来在夏天来这里不是个好选择。

但愿明天开始的荔波野外让我能再次喜欢上荔波。

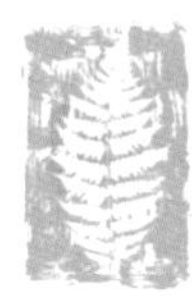

2017-08-03

荔波县城—水丰大寨—懂奎—荔波县城

7：00就起来，但7：30才去吃早餐。街头的那家餐馆有面、粉和米线。我先来到餐馆，为节约时间，我各点了一份后，去商店买水和八宝粥——这是我们的午饭。我们一般出野外是没有正式午餐的。

昨晚看好要去播尧乡的。一路走到水丰大寨。问了一位年轻的带着1岁孩子的妈妈。她非常友好，帮我们联系村支书，结果他在开会，她便帮我们联系邻组的组长。组长在荔波县城。她便搬出凳子请我们坐着等组长。她的热情与友好带来了我们首日考察的成功。组长带我们去看他们组上的两个洞和邻村的穿洞，但都没有找到特别的蕨类。他说据说一个叫懂奎的村子有很多洞。我们一路找去，走错了路，一直到了甲良，只得倒回去。

三层洞位于半山中，从山下看不到洞口。

最后，三个路边的年轻人骑摩托带我们上了去懂奎的路。在懂奎，一个姓秦的40岁的村民带我们去了白崖洞、三层洞、拉杆洞及另两个无名的洞。我们在三层洞发现了一个耳蕨新种。

这块湿润的岩石上，长着好多种植物，而叶子披针形的蕨类就是这次野外考察的重点——耳蕨。

2017-08-04

荔波县城—懂奎

在车上，我们将昨天那张向导和翠青蛇的照片给司机看，他吓了一大跳。其实，昨天小马也吓得半死，尽管他在我后面。蛇趴在树枝上，向导的头可能挨着了蛇。这让我想起八年前在西双版纳几乎一样的情景。毒蛇是我们野外工作的大敌。地上的蛇不太可怕，只要你不踩着它，可树枝上的蛇防不胜防。

幸亏这条与我们擦肩而过的翠青蛇（*Cyclophiops major*）无毒。

在世界上有几个人一天内见过12个如此漂亮的洞穴?

德国人小马在观察小昆虫。

昨天连续探索了12个洞穴，让小马既兴奋又疲惫。他说他这辈子从没在一天内见过如此多如此漂亮的洞穴。我说，一天内见过如此多如此漂亮洞穴的在世界上也没几个人。他抱怨我上山太快，下山太急，洞里待的时间太短。在高温下，我们的衣服全部被汗水浸透，湿了又干，干了又湿。更不用提山路上随时随处尖锐的石灰岩石。一旦跌倒就可能受伤不轻。有谁对我们对科学的“献身精神”唱赞歌？哈哈，我不在乎，因为我爱它！

9：00我们又回到了懂奎，找到了秦。天下着小雨，他不太愿意带我们。在我的坚持下，他换上了雨鞋、雨衣，带上砍刀。雨开始变大了。他问我怕不怕，我说不怕。反正都是全身湿透，要么是雨水，要么是汗水，要么是雨水加汗水。好的是，没有泪水，与一首歌里唱的“分不清是雨还是眼泪”不同。

我们先来到老虎洞的下洞。洞不算大。我采到我和何老板在2012年发现的飞虎洞耳蕨，这是继去年6月在荔波再次采到后第三次采到。这个种看来比以前认为的更常见。

我们上到了老虎洞。这时雨下得好大，幸好我们在洞里。来到一个大的三角梯形石笋前，我看见几株耳蕨。我检查了一株的羽状叶片，然后故作镇定地叫小马过去。我告诉他，我们发现新种了！我小心地取几片叶

毛茸茸的单座苣苔（*Hemiboea ovalifolia*）叶子背面总是很漂亮。

荔波报春苣苔（*Primulina liboensis*）的模式株就采自我们所在的位置附近。

这个无名洞有两个洞口。

在这个无名洞的天坑里，我们发现了今天的第二种新蕨类。

子，然后拍照。在洞的里面，我们找到了足足300棵。

回到村里，已经12：30了。秦先回家吃饭，我们每人吃了两个煮玉米。玉米有些老，但对于饥饿的我等，已经够美味了。

过了约一个小时，秦过来带我们去看牛洞。那时又下起暴雨，我们只能在牛洞里躲雨，并帮小马捉蟋蟀。约半小时，雨停了，我们继续前进。路上又看了一个无名洞并遇到一个放牛的姓莫的先生。他提到旁边有个大洞，且洞里还有个天坑。洞里的天坑一般都是比较严格地与外隔离，经常会有奇特的物种。在我的强烈要求下，秦带我们去那个洞。在洞口，我们发现了今天的第二个新种。一天两新种的时候还真不多！

2017-08-05

荔波县城—甲良镇—荔波县城

今早的油渣面条又是特别可口。我放了很多香菜、折耳根、蒜末、小葱花，外加大量的醋。在野外吃面条和米粉，我习惯放很多的醋，可以帮助压一下咸味，也可以消一下毒，还可以让骨头熬的面汤很鲜。

昨晚小段加入了我们，压标本时帮了很大的忙。

今天不去懂奎了，还挺想念那个仅有25户人家的小村庄和我们的向导。那是我们的福地，有3个新种在那小村庄发现!

今早出发时，小马说比昨天出发时间晚了两分钟。看他因为拖我们的后腿深感内疚的样子，我赶紧安慰说Wir haben Zeit!（我们有时间！）这两天他是高度不适应我的节奏。我告诉他，其实他不是唯一一个抱怨我太快的人。路过懂奎的路口时，小马念着Dongkui，Dongkui！司机嘀咕了一句脏话，小马问我他说什么。我说，他说Good job（说得好）！

9：00到了甲良。我们每人都买了雨衣雨裤和手套，小段买了雨鞋，小马买了拖鞋。在雨衣店，店主是个30岁左右的女士，她问可不可以照一张老外小马的相。老外应允，店主高兴。离开店子时，她问可不可以跟老外合张影。我翻译了。老外也应允。她自拍了自己和老外，并要老外右手比个“V”字，小马竖了个大拇指。皆大欢喜!

没想到昨天碰到的放羊的莫先生是个很有故事的人。他于1978—1984年当过兵，参加过1979年的对越自卫反击战。在战争中受过伤，右锁骨断裂，右手到现在还一直是麻木的。曾立二等功一次、三等功一次，其他的奖励多次。回到地方上时，部队医院的证明弄丢了。退伍后他在甲良供销社工作，后来供销

布依族的有机腊肉晶莹剔透，肥而不腻，是小时候家乡的味道。

社没了，他又到社会事务所工作，每月有450元的补助。他住甲良，但家乡在别的村组，家中4口人有8亩田。前几年他贷款25万做起了禽畜养殖，8厘的利息，现有170头山羊、100多只山鸡、100只珍珠鸡。他说贷款利息不算很高，但更低的利息很难拿到。

离开成都四天以来，我们的老外跟司机一直沟通不畅，甚至他们俩都不能正确地叫出对方的名字。司机蒋师的“Jiang”，老外不会发音；而小马的名字，蒋师也记不住，因为德语中每个字母都发音。但这情况今天有了大幅度的改观。我对小马说，蒋的名字跟英语中的John一样。小马立即欢喜。蒋师说他记不住老外这么长的名字。我说：“你这样记：马踢牙齿！”蒋师大喜。小马问是什么意思，我解释说是“A horse kicks your teeth”（一匹马踢你的牙齿）！从此，这两个都记住了对方的名字。

在路上，想到回县城吃饭也不方便，我便问向导可不可以去他家吃饭，我们付他钱。我说我们吃点简单的，煮点腊肉，再弄个白开水煮嫩南瓜就行。他说欢迎去他家吃饭，钱不收我们的。

从最远的那个山洞回到庭全已经17：00了。我们真的跟老莫去了他家，坐在他家二楼的圆形阳台上。不一会儿，一辆白色SUV到村里卖西瓜。小段买了个11斤的西瓜。吃西瓜算是我们晚饭的第一道餐。过了约半小时，老莫端出了第二道餐，煮嫩玉米。我们每人吃了两个。老莫出去摘南瓜了。下起了大雨。过了约40分钟，老莫拿着3个嫩南瓜回来。我深感内疚，对他说，不知道摘南瓜要去这么远。又过了快一个小时，19：00多一些，第三道餐终于就绪。

军人莫先生、他的侄女和老莫90高龄的母亲也加入用餐队伍。这道餐是布依族火锅，有腊肉、嫩南瓜、豆腐、小白菜、牛肉。在路上我跟老莫说过我们不吃狗肉——他本来说他家还有狗肉。布依米酒很特别，约25度，甜美而浓郁，因为布依酒不经过滤。豆腐是用布依土法酿酒后的酒糟发酵变酸后点制，不用石膏或卤水。这样的豆腐没有任何异味，相信没多少人吃过！腊肉很特别，对着光你会发现这腊肉晶莹剔透，这是有机腊肉的特征。这让我想起小时候吃的腊肉。吃完饭，我们合影留念，我付了老莫260元向导费加饭钱。

21：30，我们回到旅馆。

在布依族家里品尝现摘现煮的嫩玉米。

2017-08-06

荔波县城—甲良镇—庭全

穿过叶子特别锋利的两米左右高的芒草丛。

在庭全的工作实际上只有半天的时间。向导老莫吃了中饭才来见我们。在莫先生家等老莫时，12：00多我们也索性将午饭吃了。说是午饭，其实只是八宝粥或方便面。

老莫带我们看了第一个洞。这个洞不太大，但较清楚地看到了十几只蝙蝠。晚上老外给我看蝙蝠的照片时，才看到蝙蝠马蹄形的嘴巴和狰狞的面孔。很可怕，像一些恐怖电影里的面孔。

我们去的第二个洞是个穿洞，里面太干。洞的另一头，是长满高高的蕨萁的陡坡。老莫在前面用砍刀开路。老莫兢兢业业地为我们开路，我嫌老莫有些慢。在这样的坡上行走，对我来说，是不用开路的。我直接踩在蕨上，轻盈飘逸地跑下去。我到坡底时，他们刚下到半山多一些。然后是一片两米左右高的芒草，这草的叶子特别锋利。在没有路的一片两米高的芒草中穿行，绝非易事，以至我的鼻梁、左上眼睑和右手上各划出了一道口子。

去了对面山上的第三个洞，也没发现什么有趣的。洞太小。

去第四个洞最艰难，要走过约两公里的芒草丛和比羊肠宽不了多少的小道。还是什么也没有采到。

快17：00回到庭全。

树干生长的可以食用的皱木耳（*Auricularia delicata*，也叫脆木耳、砂耳）。

2017-08-07

庭全—尧棒一带—荔波县城

今天是五天一度的甲良逢场，这在贵州农村是大事，老莫不能给我们带路。早上看了下百度地图，决定往尧棒方向去，在路上岔进了一个叫拉更的寨子。

一个老人主动带我们看了寨子附近的3个洞。这些洞都不够大，其中一个洞有条河，一位女士在那洗衣服。找了个也姓莫的大爷，他带我们去了个3公里外的山上的洞。在那里，小马看到两种蟋蟀。

回到寨子，打听到水岩和水龙村有洞。在去下水降组交叉路口，我们向两个着装漂亮的水族姑娘问路。她们很友好。见她们吃黄瓜，我问："可不可以卖点黄瓜给我们？"其中一个从口袋里拿出3根硕大的黄瓜并坚持不收钱。谢过后我们来到下水降组。车停下后，我发现这是我们去年来过的地方。我问小段，但他不确定。金黄色的大黄瓜无意中成了我们的午餐，我们一人一个。人们都去乡上赶场了，这时的村庄静悄悄的。我走进村子，听见一个房里有喧闹声。我大声吼着："大爷！大哥！这附近有没有大的山洞？我们是考察洞口的植物的。"一个男子从屋里出来对我说："去年我带你们去看洞的！"哇哇，他还记得！小段也过来了。我告诉小段那位去年的向导还记得我们。我们去向导家坐了一会儿，决定去白岩大寨。走了一会儿，小段认出那个寨子的牌坊，证明我们去年去过那里，决定往回走。

往回走了约半公里，我们下车去对面的半山上的山洞。先得下山。无路。又是穿过芒草。难。终于下到河边，顺着河往下走，那条河刚巧流进我们要去的那个洞。那个洞很美，洞外很多高树，小河流穿整个洞。可惜洞里没有蕨类新种。我拍了几张石蝴蝶的照片寄给小韩，结果那是个很稀有的以前不知其详细分布的种。

16：30左右，无心恋战，开始回城。路上买了桃子、李子和香葡萄。在沙县小吃吃了饺子。美味！

我们昨天见到的龙头兰，是一种兰花。这朵美丽的兰花足有10厘米的距。这让我想起达尔文有关昆虫与兰花协同进化的理论。有一种原产马达加斯加的彗星兰曾让提出进化论的达尔文感到极度好奇。这种彗星兰有又长又细的花距，从花的开口到底部是一条长达28.6厘米的细管，只有底部3.8厘米处才有花蜜。什么样的昆虫能够吸到它的花蜜？达尔文大胆地猜测："在马达加斯加必定生活着一种蛾，它们的喙能够伸到25厘米长！"1873年，著名的博物学家赫曼·缪勒在《自然》杂志上报告说他的哥哥曾经在巴西抓到过喙长达25厘米的天蛾，说明达尔文的猜测并不那么荒唐。1903年，这种蛾终于在马达加斯加被找到了——一种长着25厘米长的喙、像小鸟一般大小（展翅13～15厘米）的大型天蛾。它被命名为"猜测"。这时候距离达尔文做出猜测已过了41年。更有趣的是，大约在10年前，有人在马达加斯加的这种彗星兰附近安装了红外摄像机，连续观察，终于拍摄到了"猜测"在夜里用长喙偷食彗星兰花距底部的花蜜的行为。这在当时引起生物学界的轰动，至今也是生物进化学的经典案例！

这种龙头兰（*Pecteilis susannae*）专门为传粉昆虫配备了长达10厘米的距。

小段的手肿得更厉害了。昨天被马蜂叮时，他先感到疼痛，慢慢开始红肿。今天整个手、手腕的半面全肿了，甚至能看到似乎顺着一条血管主脉红肿到了手臂。小马和蒋师都问，是否该去医院。老莫说可以用白醋擦抹。我告诉小段，什么都不用做，过两天就好了。小段也感觉红肿的手在发痒，他相信是变好的前兆。马蜂是我们野外的另一个大敌，一不小心就碰到了，因为它们体积太小，颜色也跟生境差不多，很难觉察到它们的存在，直到你被叮。"你究竟跟马蜂结下了什么梁子，以至于它隔着手套也叮你这么狠？"我问小段。小马的右手腕自从第一天被划伤后，到今天也没好。主要是因为伤口整天在野外都被汗水浸湿，不干净。可能几天内还不会有大的改观。做科学家不易！做好科学家更难！

考察队员小段和小马在一个巨大的洞穴中留影。

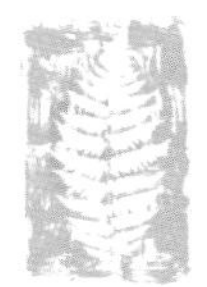

2017-08-08

荔波县城—庭全—荔波县城

昨晚与莫老师联系好了，10：20到庭全老莫家。等他吃早中饭，因为他早上去割牛草了。

11：30左右出发。在第一个洞，老外看到约30只蟋蟀，很高兴。在路上，老莫谈到昨天还有老板给他打电话，要他去修桥。他说，修桥每天可挣300多元。我问他修桥是否挺辛苦的。他说：“哪有不辛苦的！”

在第二个洞里小马看到了两种蟋蟀，其中一种的触角足有15厘米长，见所未见！

后去了穿洞、牛洞，又回到穿洞。回穿洞后，我们四个人分吃了两个大黄瓜。采到了几天前在懂奎发现的其中一个新种。

去甘塘看了两个洞，其中一个的洞底有一潭碧水，两根藤蔓从洞顶坠到水面，简直就是自然界的精品力作，美极了。

两根藤蔓从洞顶坠到洞底的一潭碧水中，美极了。

2017-08-09

荔波县城—织金县城

这个蘑菇叫纯白微皮伞（*Marasmiellus candidus*）。

8：00多离开荔波。

在荔波的5天的考察中，探洞33个，吃掉饺子369个、土鸡1只、布依家腊肉2刀、河鱼17条、八宝粥24听、鲜桃37个、李子11个，喝掉矿泉水48瓶、啤酒42瓶（听），流汗水人均3.72斤，发现新种2.5个。

14：00下高速织金出口。去加油站加油，这是目前遇到的唯一可以刷卡的加油站。加油站小妹问加多少。我说："既然可以刷卡，那就加1 000元的油吧？""你们的车装得了这么多油？"小妹迟疑道。我回答："油箱装满后，剩下的给我们打包！"她严肃地说："怎么打包？我们这里没有这种服务！"我回答："那剩下的就加在我们的轮胎里！4只轮胎可以装很多升汽油的。"蒋师在旁边已经忍不住笑了。她恍然大悟。

15：00住进圣托里尼主题酒店。15：30到城市农家乐吃早晚饭、喝雪花冰啤。生活如此美好！

小段说，该把我写微信记录的姿势记录下来。他给我拍了照。是的，我充分利用体短的“优势”，双腿举起，背部躺在车上的两个座位上，用大拇指在iPhone上写我的日记。小段就坐在后排的第三个座位上。谢谢小段没跟我抢中间的座位！今天发了5条微信朋友圈，不该再发了，但我必须记下昨晚的那顿晚餐。

考察队员在洞里稍作休息。

谢谢莫老师、莫大哥及家人，还有布依弟兄的盛情，我们昨天又有机会在莫大哥家做客。这次莫老师专门杀了一只他放养的山鸡，莫兄弟及读初中的儿子在村里钓了十多条野生鱼。再次享用布依火锅。这样的款待规格是至高的。还有布依泡牛皮和其他泡的酸肉及用布依酸酒糟点制的豆腐。当然，布依米酒更是浓郁香醇。一切都非常鲜美。这次结识莫老师一家，是意外的收获。离开他们时，我又深感惆怅——唯恐将来无以报答！好在，我有了莫老师的联系方式。莫老师、莫大哥及一家人，多保重，后会有期！

2017-08-10

织金县城—猴子洞一带—蓑衣寨—织金县城

今天想7：30出发，在路上吃早餐的，结果我们的车在停车场出不来。只好先去吃早餐。他们吃了粉或面条，我吃的喜沙、苏麻、三鲜包子，两元一个，吃了5个。好吃！

洞穴中应该有不少的千足虫类，这是其中一种。

9：30到了猴子洞。里面太黑。在外面采了种瓦韦。小马看到了一种蜕变的蟋蟀。

以前对蟋蟀懂得不多，其实这类动物满有趣的。洞外蟋蟀一般只能活半年左右，洞穴蟋蟀能活两年半左右。它们一生会有8次左右的蜕变。蜕变后它们有时会吃掉自己的壳，因为食物缺乏。中国西南部洞穴中有多少种洞穴蟋蟀？还有多少未知的新种？它们怎么进化的？是由非洞穴物种适应洞穴生境而演化，还是从不同的洞穴物种由于隔离而演化？我们对这些问题知之甚少！可能我国洞穴蟋蟀的新种比我国洞穴蕨类多得多！洞穴中还有别的生物：种子植物，动物中的蝙蝠、千足、百足、蜘蛛，以及大型真菌、微生物等。全球变暖将改变大多数这些生物的命运，但我们还没做好准备来保护这些生物，因为我们连它们的名字都不知道！

前几年跟何老板一起来过织金，去过红军圣地穿洞，但只是走马观花。这次听了小韩的建议，又来这儿了。

先在两个瀑布的绝壁上采到了一种耳蕨，后去了猴子洞。带我们去猴子洞的老巩告诉我们，附近一个寨子还有两个洞。请他带路。路很烂。到了寨子里，几个村民七嘴八舌地说洞。我问谁有时间带我们去，都说没空。只能依靠老巩。

在瀑布的绝壁上采到了一个疑是新种的耳蕨。

过了一片绿草和一群黄牛，第一个洞——大洞口就在眼前。这时，村里刚才跟我们说话的一个人跟上来了，他好奇我们在找啥子。顺便聊了聊天，这位49岁的陈先生有9个（外）孙子（女），两个儿子各生了4个，一个女儿生了一个。他在家里的任务就是带孙辈。大洞口实际上是个溶洞群，包含了3个洞穴和1个天坑。相对较小面积内有这种规模的洞穴群，还是第一次见到。离开这个溶洞群，我们去了一个穿洞，后去了梭衣寨的另一个洞。

今天一共去了2个悬崖、4个洞，走了17.8公里，发现3.5个新种。这是我的单日发现新种数量的最新纪录。

2017-08-11

织金县城—三塘镇一带—织金县城

去猴子洞需要通过约40米高的绝壁，绳子成了我们攀爬的有力工具。

织金三塘镇的烂路让我想起那年跟何老板过盘县的路。这两个县的共同点是都有煤，拉煤重卡把路都破坏得够呛！那时盘县的路更烂，大概是因为盘县有更多的煤。据说织金的煤是拉去六枝的火电厂的。煤矿开采污染环境，煤的燃烧污染空气，其排放的二氧化碳使全球变暖，直接威胁洞穴生物的生存。路上碰到两个从山上背土豆回家的小朋友。我告诉小马，我小的时候也是从更高的大包山背苞谷、土豆回家的。

在三塘镇附近，我们拐进了干河村。找了彭先生给我们带路。他有三个小孩，两儿一女，全上了一类本科学校，两个已经毕业，其中一个正在复旦大学读书。我佩服这位边远贫困地区的英雄父亲，有远见、能吃苦，不惜血本供养孩子们接受好的教育。我也替这三个孩子高兴，他们不负重望，用知识改变了自己的命运。

彭带我们去看老鹰窝。这个洞的洞口足有80米宽和50米高，进去后又分为两个洞口。大洞口看上去很干。

在左边的洞底我们采到了1种卷柏、1种铁角蕨和1种耳蕨标本。前两种在当晚被新茂和可旺认为是新种，后一种可能是我们前一天在另一个洞采到的新种。在右边的洞里，我们采到了圆片耳蕨。

这个洞考察完后，便是长达6小时的山路远行，去看三塘镇另一个村的猴子洞。

小马试了好几下，终于找到了信心和勇气。他说他以前没有经历过这样危险的野外考察。

下猴子洞需要过约40米高的绝壁，几个村民为我们带来了绳索。小马和小段都决定不下去，太危险！两分钟后，小马改变了主意，跟在我后面。下了约30米后，下面的10米更难，没有手可以抓牢的地方，只能依靠三方力量：左手轻轻抓住石壁，右手拉住绳索，脚轻轻踩住可以有一点支撑的地方。这个时候是不能只靠一方的作用的。如果只靠手拉紧绳索，就会悬在空中，手有可能太累而造成危险。还好，5分钟后，我过了这关，该轮到小马了。他一下意识到，原来更险的地方在这儿。我试着给他些指点和勇气，但没多大作用，因为他的身材和体重与我差异很大，他得用不同的技巧，靠他自己摸索。我建议他面对峭壁，但他那时却背对峭壁。他试了好几下，终于找到了信心和勇气。他也成功了。

接下来的路不算危险。到了洞边，下雨后的泥泞让下行的小道松软而滑溜。老外傻眼了，怎么这里更麻烦！雨鞋底粘上了厚厚的淤泥，走起来更加困难。终于来到洞底，除采了1种冷蕨、1种铁角蕨，什么别的也没有。这个洞在雨季被洪水淹没，没有稳定的生境，不可能有特别的植物。我们想去天坑另一头的洞，但去不了。

回到村里，在一村民家讨了水喝。

为这个洞，我们长途跋涉6小时，步行超20公里，在山路上步数超3万步，又累又饿又渴还危险，结果什么好的植物也没采着。小马问我是不是很失望。我说："没有啊！采不到新种是正常的！至少我们知道那个洞没有新种！"他同意。

在织金住的圣托里尼主题酒店很有意思。名字取自希腊爱琴海中的一个岛城。该城以所有建筑为白色基调而闻名，被视为浪漫爱情之城，在欧洲很有名，小马的妻子就曾去过。该宾馆的内部装修却全是美式。里面的有些标语很搞笑。

我们在此泊车是个大问题。前天好不容易守门人让我们挤进去，而昨天干脆就没任何机会，只好泊在两公里以外的加油站附近。考虑泊车的困难和路上的颠簸，我们决定离开织金。

2017-08-12

织金县城—卡拉寨—白泥塘—依梭寨—鸡场

过了三塘镇，在卡拉寨看到不错的石山。问了采石厂的两个人，顺着他们指的方向，我们穿过一片玉米地，来到今天第一个洞。

洞穴中生长的疏叶卷柏（*Selaginella remotifolia*）。

这是一个狭窄而深邃的洞穴。我试着从前面下去，不成。从右边下了一层，望了一下下面，不值得。小段在上面不断地喊我的名字，劝我放弃，我听从了。采了两种石韦。回到公路继续往卡拉寨走。

碰到一个背采石凿的村民，问了另一个洞的位置。我们下行，过一片玉米地。找到了洞的位置。从左边下，不成功。转到右边。在一片竹林左侧找到了一个貌似小路的道。成功了！这也是个溶洞群，两头各有一个洞，中间是一个天坑。在前洞采到黔中耳蕨——我第一次在野外看到这个美丽的蕨种，以前小韩在附近采到过。在前洞我们还采到一种铁角蕨。在天坑，小段发现了一个前几天采到的一种特别的耳蕨，仅5株。

继续往鸡场走，在白泥塘问一个修摩托车的人，请他带我们去依梭寨的洞。在这里我们采到一种冷蕨和一种很特别的耳蕨，仅约10株，并见到一个洞穴蟋蟀。

回寨子时，路走错了，走到了山的另一头。幸好手机有信号，能够把我们的定位发给司机蒋师。很快我们的救星蒋师将车开过来了。

回到白泥塘。一家开汽车加水店和饭店的老板带我们去了他家下面约500米的洞穴。这是个躲匪洞，洞口几乎被石头砌的墙完全封闭，里面不可能有什么蕨类。回到老板家，他夫人已煮了8根嫩玉米招待我们。已经16：45了，我们决定就在老板家把饭吃了。蒋师大喜，并将车洗得干干净净。美味川菜加冰镇可乐，顿时你会发现美国人真“伟大”——因为他们发明了可口可乐。

鸡场的街道很破烂。住鸡场招待所，一家丁姓私人旅馆。看了房间，我坚持要老板换一下床单和被套。他们很不情愿地换了里面房间的床上用品，并说外面两床的床上用品上次换了还没人住过。

在小段和我压完最后两号标本前，全乡停电了，我们只好用手机上的电筒整理完标本。这时下起了暴雨。小段在旁边留一手川式烤鱼店买了两瓶雪花啤酒，我们在蜡烛暗光下开始喝酒谈天，从植物学谈到他的南京打拼励志经历。小段曾在我实验室留学一年多并发表了高质量的研究论文。

23：00过了，电也没恢复。我们决定借着酒精麻醉作用尚未退去，摸黑睡去吧！大家都做个好梦！

林中的侧耳属的蘑菇（*Pleurotus* sp.）。

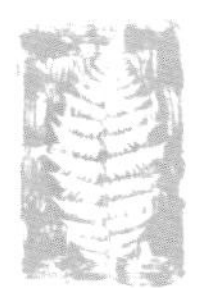

2017-08-13

鸡场—老凹洞—角细村—修文县村

担心昨晚上的暴雨后今早小路上都是水，就一直睡到8：00多，想等路面稍干后再行动。在招待所斜背后的面馆吃了油渣面条。问附近有什么洞，当地人都说有个老凹洞。我请村民先带我们去看一下，再决定要不要下洞。

不得不蹚过一条河，河水进了左脚雨鞋。这之后的整天都在体会一脚在水里、一脚在空气中的奇怪感受。

走了3公里之后来到了老凹洞，这是个直径约100米、深约80米的天坑，得用两根长绳索连起来才能吊下去。有了两日前下猴子洞的心惊，我们立刻决定不下老凹洞。然后国春志带我们去了干河村的秦家岩脚的一个穿洞。我们不得不蹚过一条河，水不算浅。为了保护我背的相机和口袋里的手机，我决定以稳优先，不再试着踩河里不稳的石头。我的左脚雨鞋进水了，右脚是干的。这之后的整天都在体会一脚在水里一脚在空气中的“鸡尾酒”感受。这个穿洞是个出水洞，没什么特别的植物。但我还是采到了一个类似对生耳蕨的种，其嫩叶和前一年的叶看起来很不同。

看到几岁的孩子在山里割草、背土豆，我感到既亲切又心疼。说亲切，是因为我小时候也是像他们那样干农活的，而心疼是因为他们还跟40年前的我一样。我能为贫困山区的孩子们做点儿什么呢？

接着，我们又去了以角细村陈家组大洞。这是个天坑，没有路下去。另一个村民借来绳索，国和我吊着绳子下去足有20米才触底。前10米因为是斜坡还容易下去，后10米因为洞壁凹进去了，下去就悬在半空，脚没有踏的地方。挣扎了一会儿，才使用手腕力量慢慢下到底部。哈哈，看来手腕没有点力气还真不行。小马说我太疯狂了。后来听小段说，小马在我下去时问他，拴住绳子的树是什么树，是否够结实，他还感叹说，丽兵的命得靠那棵树。那是棵马桑树。在洞底我采到前几天发现的一个特别的种。

德国考察队员小马说我太疯狂了，本该放弃这样危险的天坑。

从洞底上来更难。洞上的人合力将国拉了上去。在我准备上时，大雨更猛了。我只好在洞下躲雨。雨小点后，他们开始拉我。还算顺利。国的手受伤流血了，我的右手手套的一个指头被磨破了。

之后去了挑水洞。在那里，又采到一个特别的蕨种。外面大雨更猛了，我们在洞里等了足足半小时。雨稍小时，回到车上。

国春志和小李带我们去了修文县村大的洞口。一条不大的小河流进洞里，水流湍急，从远处就能听到水声。在洞穴深处看到一种耳蕨，叶片像昨天看到的最后一种，但叶柄鳞片显然不同。最后才发现，原来那是圆片耳蕨的幼体。

第二个洞在一个半山上，我们爬了半个多小时才到。洞口虽大，但洞太浅，里面植物也被山羊啃得几乎精光。洞内有一种石蝴蝶。

12：00我们又返回到今早望了一眼但没下去的天坑。今早没带砍路的刀。国花了半个小时砍出一条路，并敲了数阶可以踏脚的泥台，还用一根藤子绑在一个树枝，这样我们可以扶着藤子上下。终于下到了底，下面没看见任何珍稀的植物。回到木货寨，国带我们去看了他们以前的取水洞，它太小。

15：30回到鸡场。今晚蒋师过生日，祝他生日快乐！晚上吃牛肉火锅，喝雪花啤酒。

整理完标本后，约21：00又停电了。小马下楼来，他买了纯生啤酒，小瓶。喝完后，我去买了大瓶雪花啤酒。小段、老外和我边喝边聊。

24：00去睡。

拴我的绳子的另一头挂在一棵灌木——马桑（*Coriaria nepalensis*）上。小马说我的命得指望那棵灌木。

2017-08-14

鸡场—新场—岩脚镇

昨晚我们的向导国先生发微信说，他又想起两个大的洞，问我去不去。去。今早吃了面条在鸡场等他。

9：00见到了第一个大的天坑。这个天坑太开放，没有什么特殊的植物。很快离开。往上约50米见了另一个天坑。也是个开放式天坑。我们决定不下去了。

回到鸡场，跟国告别。国先生是穿青人。穿青人主要分布在贵州黔西北地区，大约有67万人。他们自称是明朝时候朱元璋派往云南镇守汉族官兵的后裔，以山魈为民族图腾，服饰与明朝服饰相近，普遍使用贵州通行的官话。

11：00多到新场，打听到了傅家大洞，两向导带我们去看了一下。这又是一个溶洞群，包括了2个天坑、3个洞穴。从天坑一号下去得用绳子，而天坑二号几乎下不去。两天坑之间的地上距离不足200米，但据说它们之间的地下距离需要10个小时的弯来弯去的行走。天坑一号周边有3个大洞，我们看见了其中一个洞口。由于两向导没有绳子，乡上可能也买不到，天坑一号见到的洞口也比较黑，我们决定放弃。在新场乡，他们吃了粉和面条，我吃了两个桃子。

往岩脚镇前行，14：40到达。住民圣精品酒店，108元每房。房间大，有空调，有Wi-Fi，并且有免费洗衣机供我们使用。后者对于出来两个礼拜的我们至关重要。经常一身湿、一身汗、一身泥的我们，两个礼拜后太需要洗衣机了。结果5楼能用的洗衣机是个勉强还转的半自动机子，其甩干桶里不干净。放洗衣机的楼下水道不畅。我边机洗边手洗并站在半污的水里将衣服勉强洗得半干净。我叫小马去找服务员借6个衣架来。我想看这两个没法用语言来交流的人如何完成任务。过了不一会，他拿着7个衣架上5楼来。我非常惊讶。原来他在一张纸上画了个衣架，交给服务员看。这家伙还不太笨！

由于弄不到绳子，我们决定放弃傅家大洞，小马依依不舍、望洞兴叹。

2017-08-15

岩脚镇

早餐是面条加豆芽、花生米，另加一块高压锅刚压好的猪蹄。很多年不吃这玩意儿了，但看着是刚揭锅的热气蒸腾的猪脚，忍不住了。这猪脚在煮之前用火烧过猪毛，将皮烧成焦黄色后刮干净，因此没有猪毛味，好吃！跟小时候我妈的做法一样。要是将猪脚用松针和檀香叶的烟子熏干，再跟大雪豆一块压在高压锅里煮炽，那简直就是小时候过年的美食之一了。

由于对昨天看到而没下去的新场的傅家大洞耿耿于怀，今早吃过早餐便在岩脚买了绳子。我们要30米，共11斤，老板说110块钱。小段和我都惊讶了。我们以为4元一斤，结果是10元一斤。最后小段要老板减了10元，给了100元到手。

8：30直奔新场。蒋师记路很厉害，直接就到了我们昨天泊车的地方。小段抱上绳子，我们直奔大洞。

将绳子绑在一条水管上，一头扔下约15米，我准备下洞。试了一下，发现扔下绳子的地方不是最短的距离。我爬上去，将绳子收起后换了个地方再将绳子扔下。我跳下第一级，小心爬到能抓住绳子的地方。我抓住了。开始往下，我一手抓绳子，一手抓悬崖石缝，一步、两步……我踩溜了，悬在空中。还好，我双手赶紧抓住绳子慢慢往下滑。我触底了。我成功了。我赶紧告诉上面的同伴。

好不容易下去，我便把下面看得特别仔细。先看了天坑里左边的洞，再沿左边石壁看了中间的洞。突然一条竹竿大小的青灰相间的蛇在我面前滑过，我一下紧张起来。本来一个人在坑底就心里不踏实，看见那条毒蛇后我有些害怕。赶紧用小段给我的竹竿打前面的草丛，然后我再走过去。又看了右边的洞，太暗、太干。往坑口我下来的地方走。过一会儿，小段就会喊我的名字，看我是否还安全。快到坑口，我发现了一个与对生耳蕨相似的疑似新种的东西，后者在贵州很罕见！

我准备爬上去了。试了几下，我感觉到爬上去比我想象的难。我在犹豫，在思量，还真有点怕了。小段不停地给我出主意，问要不要他和小马拉我上去。我说不用。我知道他们俩很难把我拉上去。我不能用双手攀爬着绳子上去，因为绳子离岩壁有一些距离。我只能一只手拉紧绳子，另一只手想法抓住悬崖的一些缝隙，但要抓紧一点点缝隙来承受我整个身体的重量，谈何容易啊，因为我不能将身体的重量放在抓绳子的手上，否则我会悬在空中！试了一下，失败了，我有些紧张了。我再往上试，上去了两步，这时，我的左手已经很吃力了。我调整重心，让抓住绳子的左手休息一下。小段见我那么吃力，更紧张起来。我努力想法子让右手多承受一些重量。下过雨的石灰岩很滑溜，我的脚蹬不稳那垂直的悬崖。下一步更艰难，我得换一下左右脚的位置。看准了石壁上的一个小坑，下一步得上到那里去。我不知能否成功，担心我可能再一次掉下去，得再一次重来。重来倒不要紧，但我对自己的体力没有信心。我感到两手很疲惫。那时，我还真后悔不该下来冒这个险。休息了快1分钟，我重新开始攀爬。左脚踩到了那个看好的小坑，右手抓住了一个我能够得着的最高的小突起，左手轻轻地拉紧绳子。用力！我成功了，我上到了关键的一级。这时我看好了一

考察傅家大洞是整个野外最困难的一次：面对几十米深的垂直洞壁，我只能靠一根绳索攀爬。

块较大的突起，右手赶快抓住它。我立即告诉小段："上来啦!"

过了傅家大洞后往牛场走。在离牛场约10公里的地方打听到了一个路下的洞穴。车开到了离洞仅约200米的地方。这个洞从远处看上去很好，但里面面积不大。在左侧洞口，我们看到了几株小型的开淡黄色花的唐松草，美极了。在洞里的左侧悬崖上，长着几株蕨类，看似耳蕨。我爬到右侧一个高的石头上，仔细一看，果然是耳蕨，我兴趣大增。但耳蕨生在高约20米的悬崖，我够不着也爬不上去。我请小段找一根长的树枝。正好地上有一根，但树枝的一头埋在沙砾中，小段拔不出来。我请小段将树枝埋在沙砾中的部分折断，成功了。这时我小心地从大石顶部溜到较低一点的地方，脚下很滑。我试着站在左右两边的悬崖之间，中间是一宽不足1米的缝隙，但两边峭壁都很滑，我不敢跨过去。

我小心地在左边悬崖往上爬了一步，举起树枝，将20米开外的峭壁上的那棵耳蕨用树枝捅下。

我踩在左边的大石上，试着慢慢将身体倾往左边的峭壁，双手扶住了左边的峭壁。我慢慢侧转身体，将右腿跨过两悬崖间的缝隙。我站稳了。但新的问题出现了——树枝由于长期泡在水中，很重。小段费力地将树枝的一头递给我。我背倚靠在左边的峭壁上，小心翼翼地托起树枝。我沿着左边的峭壁的一些小的突起，向洞口方向移动了3步。我慢慢地举起树枝，树枝伸到了最高处，但还是离最低的那株耳蕨差半米左右。我举着树枝回到了左右悬崖之间。我放稳树枝，小心地在左边悬崖往上爬了一步，再举起树枝。树枝触到最低那株耳蕨了。我惊喜，慢慢地将那株耳蕨用分裂的树枝头夹住，再旋转树枝。那棵耳蕨掉下洞底了。我扔掉树枝，下到洞底。那株耳蕨被证明是在贵州罕见的对生耳蕨，很高兴在这里采到了。这个种以前以为在中国大陆、中国台湾和日本广布。我们测定的基因序列证明，它仅分布于中国华中、西南，但贵州只有北部有分布。这个新的采集将其分布往南推进，有一定的生物地理学意义。高兴之余，准备离开，我忽然滑倒在一个不危险的小斜坡上，左手触地并承担我整个身体的重量，我那时左手正好没戴手套，顿时感觉左手掌疼痛难忍，并连续叫出了声。小段听到了我的呻吟，赶紧问我是否还好。我说，没流血但很疼。不过，采到了罕见的蕨种，总是令人高兴的。

莱氏耳蕨（*Polystichum leveillei*）由于分布比一般的洞穴耳蕨广而形态上有一定变化。

在牛场乡问一个彝族模样的开货车的先生。他车子的轮胎在一个修车铺更换，他说20分钟后带我们去看他家附近的洞。已是中午。吃午饭吧！我们往前走，第一家饭店关门。在第二家点了几个菜，他们三人吃，我吃罐头黑米粥。饭后跟着那开车小伙去了他家附近的洞穴。结果那是个小出水洞，洞口堆满了垃圾。回到寨子，三个建房的人七嘴八舌地告诉我们发巩村有洞。百度导航，来到水落洞，看到一个不错的山洞。有个高中生给我们指了路。这是个穿洞，没意义。后去了下面的很好的洞。采到一种未长孢子囊群的耳蕨，鉴定不了。看来只好回实验室用DNA条码技术来鉴定了。

往前走，百度导航出错，来到黄坪村陈家寨。王先生带我们去两个洞。在第一个洞我们采到莱氏耳蕨。继去年在六枝新窑乡采到这个种后，现在的这个地点进一步将该种的分布北界北移。在第二个洞又采到莱氏耳蕨，不过第二个洞里的植株的羽片有明显尖齿。小段坚持认为，这两个洞里的莱氏耳蕨很不相同，就像去年在新窑采的形态迥异的两株植株。进一步的基因测序会提供更多证据。是啊，有的物种形态特征非常保守，而有的又可塑性很强，这会让经验较少的植物学家迷惘。这降低植物学这门学科的预见性；同时，也使大自然更加多姿多彩。

已快18：00，近黄昏，发巩村是没时间去了。

从这张网我们知道，洞穴中应该有不少蜘蛛在那里生活着，但洞穴蜘蛛是否也像蕨类植物一样，有一洞一种的奇观?

近20：00回到岩脚。秦老板请我们在他饭店吃饭，并坚持不收我们的钱。

旅馆旁边的腊肉火锅是我们在普定之爱，大家包括德国人小马都非常喜欢，特别是蒋师亲自为大家下厨调味后的火锅，汤鲜肉嫩。这腊肉取自普定自产有机猪肉，半精半肥且带皮，不咸不淡，加上老板刀功了得，切得薄如蛋壳。汤料包括等比例的红豆、青辣椒节、西红柿末、姜片和花椒。辅菜包括豆腐、土豆、平菇、木耳、香菜、白菜。没有牛油，没有火锅底料。我告诉小马，吃过这么美味火锅的人，在世界上可没几个。他同意。再喝上一瓶冰镇雪花啤酒，真觉得生活很美好!

2017-08-16

岩脚—普定

小韩告诉我，梭戛附近还有3个洞。考虑到拉煤车将路弄得不成样子，我们决定移至普定。我以前没在普定考察过，说不定会有惊喜。上高速，过六枝，经化处，来到木岗镇。

荚蒾（*Viburnum* sp.）是石灰岩山地的常见植物，其果实酸甜适度，是野外不错的解渴野果。

打听到附近山上有个大的山洞，问了几人后，其中一人告诉我们，1990年代有个著名电视连续剧有部分在里边拍摄过。他颇感骄傲，但我顿时对此洞的兴趣大减，那么大规模的人类活动估计已将里面柔弱的生命蹂躏殆尽。我猜当时与这部电视剧拍摄相关的人员中，没有一个懂生命科学，没有一个知道洞穴生境是如此脆弱，没有一个知道洞穴里生存着如此奇妙的生灵，没有一个知道他们如此滥用洞穴资源对里面的生命是灾难性的，没有一个知道这些洞穴生命的消逝将是永久性的，也就是说他们的后代，后代的后代将永远无法欣赏到这些生命的美丽，而且下一代的抗癌新药说不定就会发现于某个洞穴物种中。每一种生命的保护都有意义。

罕见的洞穴尺蛾生活在无光的潮湿的洞壁。

2017-08-17

普定

去了白岩、猫洞附近、补朗、天生桥，回到城关，再去莲花古洞。这个古洞也是个洞穴群，包括莲花洞、大花洞和芭蕉洞。莲花洞有两个洞口，一个可以进去，另一个是天窗。天窗是个椭圆形的口，长径也就20米左右。因为有了天窗，莲花洞里生活着各种植物，可惜没有新种发现。莲花洞里各种自然雕塑很美，而且因为洞顶滴水的原因，很多造型还在成长中。莲花洞地上洒满了各种垃圾，包括破碎的玻璃片。离开莲花洞，莲花寨的王大爷发现我们只去了莲花洞，便愿意带我们去下面相连的大花洞。原来，莲花洞里有暗道可以通向另外两个洞。借着手机的电筒功能，走了4分

大花洞是个椭圆形的美丽天坑。

钟左右的暗道后，我们来到大花洞。这是个椭圆形的天坑，直径约70米，坑内是绿色的天堂。也是可惜没发现什么新种，但采到了一种特别小的铁角蕨，后经何老板鉴定为*Asplenium humistratum*。

这时已经18：00了，时间不够去相连的芭蕉洞了，因为去那儿得在暗道里走40分钟。

出了莲花洞，王大爷带我们看了芭蕉洞的天坑。这天坑竟然离莲花洞入口不足40米远，但相连两洞的地下暗道却需步行40分钟。这也太神奇了！

看看考察队员在照片中的大小，就能想象这个洞穴有多大。这样奇妙的生境里，生活着许多洞穴生物。

2017-08-18

普定

从普定出来，往马场方向走。这条路没拉煤车，但依然很破烂。过了龙场不久，看到右边约200米高的山上有个看上去不错的洞穴。我们停下，想问一下当地人，那个洞是否值得一去。等了约5分钟，一辆简易三轮车来到。问车主，他说他不了解那个洞。他后面跟了个骑摩托车的，带了3个人，最后那个看似他的太太。他说那个洞很浅，但只在洞口望过，没进去过。小段和我站高望了一下，似乎能看到上半部分洞不深。我们还在犹豫，蒋师督促我们去。好吧！犹豫时刻，一点点外力就能打破平衡。

我们一梯一梯地迈过玉米地，找到了一条小路，遇到了一个大伯在地里割牛草。问洞。他说背后翻过这山还有两三个洞。于是，我请他等我们下山后带我们去，并保证会付他向导费。

我们沿着小路一直爬，太顺利了。见到了一扇大的铁栅门挡住了去路。正在想，我们得翻过门。但见门上的锁没有锁上，大喜。推开了铁门，往上，来到一片玉米地。往上爬了一段，感觉我们偏离了方向。小马和我都认为我们的位置比洞还高了，他给我看他在山下拍的照片，证明我们爬过头了。他问我路边一种开小黄花的高20厘米左右的草本植物是否是金丝桃属的植物。我看了一下花，确实像金丝桃的花，但我知道的本属植物都是灌木。小马说欧洲的大约10种本属植物全是草本。哇哇，学了一招。我们往下走，过了铁栅门，很快找到了去山洞的路。山洞果然是个浅洞，没什么意思。小段采了株肋毛蕨。

回到大路上，那位割牛草的大爷正在跟蒋师聊天。蒋师是我们打听洞穴资源的社交大师。

在离马场约8公里的寨子向一对在葱田里拔草的大哥大嫂问洞。大哥派大嫂带我们去她老家那里看两个天坑。往龙场方向回去约8公里。看了第一个天坑，太小。无意去看附近的另一个。快回到泊车处时，我摔倒在一个斜的石头上，伤了左大腿，浸了些血出来，但从牛仔短裤外面看不出流血。很疼。回到洞口寨，我的左腿更疼了。小段和老外去了一个山上，一个田边的洞。回来时，他们带给我冰镇百事可乐。

过马场，去鸡场坡。一个巩姓大爷带我们去烤烟厂附近的一个山洞。我因腿伤去不了，那就在车里补写未完成的日志吧！临别前，我告诉小马，如果采不到新种回来，今晚就吃不成腊肉火锅了，而只能吃方便面。等了快一个小时，我想他们一定是找到好洞穴了。我盼着他们带回惊喜，我甚至开始琢磨，给他们发现的新种取什么名字。他们回来了，只采了3个常见种。据小段说，那个洞中间砌了一堵墙，洞内可见光的地方只有约30平方米大小。这样的面积不可能有特有生物种类的形成。小马沮丧地对我说，完了，今晚吃不成腊肉火锅了。

19：00回到普定。考虑到我的腿伤，蒋师让我们在火锅店门口下车。小马惊喜地发现，没采到新种，也能吃腊肉火锅！

这样的穿洞虽然景色优美，但由于不能保持必要的湿度，也与附近生境不能有效隔离，一般不会是新种形成的场所。

你可记得小时候吃的用甑子蒸的米饭？在贵州野外考察，我们时常能吃到甑子饭。

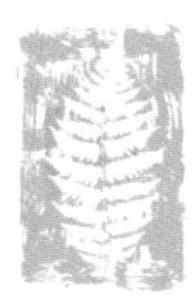

2017-08-19

普定—牛场

决定去安顺后，沿着去紫云的方向寻找洞穴。到了安顺，下了高速，周围的石山看上去不错。又过了一段，只见土山了。右拐到蔡官镇。在路边，小段打听到了，一个寨子有个不错的洞。沿路问了3个人，终于来到潘家寨。

这个洞算不上杰出，洞口不算大，却让我们有惊奇的发现。

从车里问了一位大嫂，她匆匆敷衍我们了事。小段下车问了一位22岁的年轻人小李，他很热情，愿意带我们去八哥洞。

车开出村里约1公里，左拐，又约2公里，停下。我只能望着他们仨离去并走向那个洞穴，无奈我的左腿不允许我与他们同行。

周围看上去都是土山，而且山都不高。我对他们的这次探索不抱任何希望。过了约一个小时，他们回来了，却带回了惊喜。是的，他们采到了一种新的耳蕨！很惊讶！小段说，那个洞算不上杰出，洞口不算大，仅10多米高，洞内面积也不是很宽阔，且光线稍有不足。他们在洞里发现约10株这种耳蕨，它们的孢子囊群都不是很成熟。

可以想象，在弱光下，它们的代谢、生长、繁殖的速度应该很慢。真不知，多少年它们才能完成一个生命的完整周期。它们是这个变迁的世界的弱者和牺牲者。我们怎样才能呵护好这样的生命，从而无愧于我们的后代子孙？

我们以其中一考察队员的名字命名的一凡耳蕨（*Polystichum yifanii*）仅约10株，就是在那个算不上杰出的洞里发现的。

2017-08-20

牛场

在旅馆左手边的一家餐馆吃面条、米粉。老板娘专门去地里采了小白菜煮给我们。蒋师说他的米粉味道不好，没吃。后买了4个包子、1个馒头。蒋吃了馒头。

往东来到河坝村河坝组。小段问一洗车铺胡姓先生，打听洞的情况。胡带他们去看两个洞。我和蒋师在车上等。

过了一个多小时，小段微信发来位置，并打电话要我们开车去接他们。在微信里我选择百度导航，7公里之后，百度显示已到，但不见他们。电话后，小段微信中发来位置共享。用腾讯打开，仍不得要领。我要蒋师往前开，以便判断我们和小段他们之间距离是否变近。走了一段，也看不出有啥帮助。再打电话，小段告诉我，他们在坪山村。知道百度地图无用，换成高德地图导航，显示有7公里左右。开了一段，导航要我们掉头，蒋师不悦。我坚持要他听导航的。遂掉头，回到刚才百度导到的地方，往前走，有条小水泥路，右拐进去约3公里，到坪山村村委。路分岔，不知往哪。又电话小段，他说他们在坪山村末，要我们往河坝村方向开。再用高德导航去河坝。2公里后，马上到河坝，也没见小段他们，心中纳闷。再电话小段，通话中，但见小段和胡先生坐在路边。接上他们，前面再接上小马，才发现，原来他们离我们开始泊车的地方仅3公里左右！

前面提到，洞穴蟋蟀在其约2.5年的生命中要进行8次左右的蜕变。虽然蜕变在动物王国中千奇百怪，但大致可分为同型蜕变和异型蜕变。毛毛虫蜕变为美丽的蝴蝶或飞蛾就是异型蜕变的一个例子，而蛇、蝉等的蜕变就属于同型蜕变，蟋蟀的蜕变也属同型蜕变，同型蜕变是某些动物的生长方式，组成它们皮肤的细胞只能有限地生长，且不能分裂，它们只能靠蜕变来长大、变成熟。

洞穴蟋蟀在洞穴中吃什么，是一个学术界中有争议的问题。要回答这个问题，最直接的方法是对它们的饮食行为进行野外观察，但这并不容易。另外，还可以通过解剖洞穴蟋蟀的胃来研究它们的食谱，这需要杀掉许多洞穴蟋蟀。但有时并不能准确鉴定它们胃里的东西，所以难说解剖一定数量的洞穴蟋蟀就能够得到完整的答案。有一种说法是，洞穴蟋蟀吃它们蜕变后的壳。前两天小马观察并拍摄到了一只正在蜕变中的洞穴蟋蟀在吃它的壳的情况。这算是个有力的证据！这样珍贵的照片可能你一辈子也见不到第二张啊！

毛边卷柏（*Selaginella chaetoloma*）在洞穴中并不罕见。

一只正在蜕变中的洞穴蟋蟀正在吃它自己的壳。这样珍贵的照片极其罕见！

2017-08-21

牛场

小胡带我们去了台子村。在台子寨稻田边，小段和小马看了两个洞。这两个洞都不大，且洞底都有被洪水冲刷的痕迹，不可能有特殊的植物生长。后打听到，岩脚寨有个白马洞。一个放牛的村民带他们去白马洞，此洞洞口小，需要从另一处吊着绳子才能下去，且以前洞里住过很多人。不一会儿他们就回来了。老外有上当之感，很不高兴。回到牛场镇，因为蒋师好像听说那附近有个洞。旅馆老板告诉我们那个洞太小。决定去大核桃树。1.5小时到。村里一大爷帮我们找了第7组的杨组长，他们俩带我们去老凹洞。

这又是个天坑。幸亏我们有在岩脚买的绳子。将绳子在两个地方扔下，分别固定在两棵小乔木上。这时来了个年轻的村民，杨组长要他陪我们下去。考虑我的腿伤，小段想替我下去，但太危险，他不自信。只能我下，也不能指望老外。

我先抓住左边的绳子，下了几步，再换抓右边的绳子，又下了几步。180°拐到另一个方向，又换抓另一根绳子。斜向下走了几步，绕过一个大石头，我下到了重要的第二级。又掉头，斜下了几步，来到一个悬崖前。我试了几下，下不去。向导要我跳下去。我不敢，太高了，而且下面是斜坡。我右手轻轻地扶着绳子，左手抓住一块突起，慢慢坐在狭窄而下倾的一点突起上。我左手不能失手，否则我的安全只能靠右手拉着的绳子，而绳子会把我拽向后面并将我摔在悬崖上而使我受伤，因为我当时不在绳子的支点的垂直下方。我有些害怕，但还算镇定，我知道这时不能慌。我右脚轻轻踩住了一个半圆的突起，下移身体重心，左脚踩在岩壁上的一个窄缝隙，再下移我的重心，以便我双脚离下面近一点。我准备好跳了。我纵身一跳，右手释绳，左右手赶紧抓住了地上斜坡上的一点楼梯草，左右脚尖踩在下斜的石砾上。我没滑倒，成功了！往下便不用绳子啦，我沿着左边的洞壁下行。

拨开灌丛，哇哇，我看到了黔中耳蕨和假披针叶耳蕨。这两者都极为稀有，而后者我以前只见过一次，那是2008年同何老板、徐波、王雨在安顺采到的，那也是王老师最近才发表的新种。哇哇，在同一个洞壁上一平方米的范围内见到这两种罕见的蕨类，世界上绝无第二处。往下见到了尚未发表的一个新种，这是第三次采到。我来到洞底，在弱光处搜寻，没有发现什么有趣的。回到强光处，再拨开一些草丛，在滴水处我看到了几株类似假披针叶耳蕨的植物。我拔起一棵，惊喜，它的羽片有齿但不分裂，都前倾。这是个从未见过的新种，特征很明显！又在洞底采到了另外三种耳蕨，其中一种也可能是个新的，但需要进一步分子证据。在这个艰难进入的洞穴里，共生长着6种耳蕨，不能不说是一奇！见识这样的生境，前面所有的艰辛都值了！

洞壁向阳处成片的披针骨牌蕨（*Lemmaphyllum diversum*），叶子背面圆形的孢子囊群清晰可见。

要下到老凹洞天坑的底部，得沿着洞壁、吊着绳索下去，艰辛而危险。

2017-08-22

牛场—纳雍

决定卷起铺盖卷，走人。

按小韩的提示，先去了以那镇龙井村的天生桥。结果，小段和老外发现下面是条河，根本就下不去。听说幸福村有个洞，快到时才从一村民那里得知，没洞。回到高速才知百度地图又给我们导了一条远的路去龙井村。

在去箐脚寨村大洞的小径上。

这样美丽的洞穴是西南地区常见的喀斯特地貌之一，里面弱光处常生长一些特殊的植物种类。

奔纳雍。12：00在“天天家常菜”吃午饭，等了近40分钟，我只吃了个梨。

往盐井村走。小段问洞，意外发现，盐井村的洞是个人工的煤洞。李先生带我们去路尾村黑洞。我们带他回村子。

该洞洞口不错，但朝向决定了其洞内太黑，洞口又有两个巨大石头占据了主要地盘。只见到了鞭叶耳蕨。

然后往犀牛洞村行进。距村子约6公里，小段向当地村民打听，才知犀牛洞村根本就无洞，但提到附近箐脚寨村有大洞。小段打听洞的村民碰巧是村里的杨村长。他遂打电话给箐脚寨的胡主任。

我们到箐脚寨，正巧在开村民大会，20多名村民挤在二楼的一个房间开会，一村民帮我们叫出胡主任。我掏出介绍信，胡主任看了半天不说话。最后吐出几个字：“你们搞生物研究的？”我赶紧回答“是”。我们请他派一个人带我们去最大的洞穴。几位村民推脱后，一位刘姓村民主动报名。我们大喜。他领我们去他家所在的组并带我们去最大的那个洞穴。结果那个洞的洞口只有约一层楼高，且里面曾圈养牛群。没什么新发现。

回到纳雍是19：00过一点。住温州大酒店，159元每晚含早餐。20：00多吃上晚饭。

2017-08-23

纳雍

酒店的早餐还行。8：20开始奔锅圈岩。9：50到羊场镇箐林村五组。我们的车被前面几十辆送丧的车挡住了。他们告诉我们，那路一时半会还不能通，并说我们应该走另一条路。我们退了约50米掉头转向另一条路。再问一伙村民，他们告诉我们，最大的洞是燕子洞，而我们只能从刚才那条被堵的路去。犹豫了一下，我们决定不去燕子洞，一则要等送丧车离去，二则据说燕子洞里以前住过人，被人强烈干扰过的洞穴不可能有特殊植物。

在高温下穿过一片丢弃了5年而长满一人多高的蒿子和茅草的玉米地，来到了刀切似的峭壁下。

遂往湾湾寨方向走。车到纳雍电厂，已11：40。他们吃米粉，我买了5个大桃子，并吃了两个。饭后，向饭店老板打听山洞。他提到在洞口附近有山洞，但百度上查不着。许多地名改变太频繁，特别是农村地名，没有了历史，没有了文化传承，也给我等工作带来极大不便。他给我讲了附近村寨名字，导航终于找到了，去箐林村。

黑洞的洞口很大，地上可以看到经常被洪水冲刷的痕迹。

快到时，见公路左边有一大的天坑群，大喜。停车，遥望、拍照。拦下一骑摩托车者，他说天坑下有两个大洞。请他带我们探洞，他要我们跟他去村里，他找向导。他给他哥老安打了电话。我们等了10分钟左右，他哥跟3个人一起来了。向下开了几分钟后，约12：30，我们7个人浩浩荡荡向黑洞进发，老安开道。我伤后第一天全身心投入。沿途的风景让人非常震撼，刀切似的峭壁、忽然突起的石山、蜿蜒的峡谷，一切都美不胜收。

路途不近，在高温下急速走了约半小时，老安退下了，最年轻的小伙子开始领头。看见了小河流入的洞口，不大。向左上方继续行进，过了约10分钟，只剩下小安跟随我们并在前面开路。路过一片废弃了5年而长满一人多高的蒿子和茅草的玉米地，前行更加困难。

我们不懈地努力，终于在15分钟左右后来到黑洞。洞口够大的。我马上检查了右边滴水且绿色的洞口。我看到了多羽耳蕨。再往里，地上可以看到经常被洪水冲刷的痕迹。没有新种发现。离开时在右边发现漂亮的秋海棠，其花瓣背部长满了红色的长毛。也见到贵州石蝴蝶的大叶类型。

回到车上时已经15：30了。每个人的汗水都湿透了衣衫。

15：30左右是个尴尬的时间，因为走一条新的路线往往时间不够。我问老安，附近是否还有别的大的山洞。他说刚才我们看到的那条小河的上游有个出水洞，不远。我一般对出水洞和落水洞不感兴趣。但天不早了，我们没有别的选择。就去吧！开车不到10分钟就到了。我们碰到老赵，他带着3个孙辈小朋友。老安要老赵带我们去看那个出水洞。老安将孙辈们带回家后，开着个方型轿车回来。这时开始下起了暴雨。几分钟后雨稍小，披着雨衣出发。河水不小。我们从山上翻过去。正如原来想象，洞口被冲刷得没什么植物。但见上左方约100米处又有一个大洞。老赵说可以从下面的河流中蹚到第二个洞的下面。打着手机的电筒，来回在河里穿越几次。我们的雨鞋勉强没进水。果然看到了第二个洞，并且在河的两岸有大片的绿色，甚至在右岸能见数处滴水处。我心中大喜，因为一般这样的生境会孕育着一些特别的植物。老赵把我和小马分别背过一处水流湍急且水深的河道。我已看见右边峭壁上的几棵耳蕨了，心中更喜。用树枝取下了一棵，该植物的羽片上侧有钝齿，但这棵只是个幼体，特征不稳定，需要看成熟的植株。我攀上了滴水的石壁，仔细寻找我想看的植物。我看见了一种卷柏，似乎有些特殊。我照了相，采了些抓在手中，继续往前搜寻。我找到了刚才那耳蕨的成熟株。大喜！该耳蕨确实特别。这时，我看到小段在对岸的山上。我告诉他，可能发现新种了。实际上，小段在对面也已经采到了该种。过了一会儿，老赵也将小段背到我们这边。我们向左上方攀爬，看到了该蕨的大量个体。看到老外在上面，上面的风景更美，我们都忍不住留影。

在这次野外的最后一天，看到了两处最美丽的洞穴群，并采到了一个疑是新种的蕨类，为这次野外画上了一个完美的句点！出了大洞，又开始下暴雨。前面22天的天气都很好，突然今天下了几次暴雨。看来贵州知道我们要离开了，想留住我们！

向导将德国考察队员小马背过湍急的小河。

在洞内峭壁滴水处，发现了这个新种耳蕨，其羽片形状很特别。

连续3周紧张而艰辛的野外，对身体是严峻的挑战。我的腿伤已基本无恙，小马的手腕也已痊愈。小段的口腔溃疡却没有好转，且扁桃体发炎得厉害。他在药店买了些喷剂和口服药，两天后还是不见好转。小马给了他德式的含片，但也不见有何收效。前天晚上整理完标本，我了解到小段的扁桃体肿大很厉害。我突然想起，我包里有一板罗红霉素，便给了小段，并叮嘱他当晚即吃两片。第二天早上，我想那抗生素该起作用，便问他是否有好转。小段说有好转，但面露尴尬。中午时，我又叮嘱他再吃一颗抗生素，吃晚饭前又吃一颗。看见他吃晚饭时那么痛苦地吞咽，很感内疚。吃过晚饭，小段又去药店，又买了些药。别人问他是否在吃抗生素，他说是在吃，没有另外买抗生素。今天中午饭时，小段还是只能喝粥。我觉得奇怪，怎么服用3天罗红霉素后还不见好转。我说："药该不会因前段时间背包淋湿后失效了吧？"蒋师说，淋雨不会影响，因为药片包在塑料小兜里。小段取出药，瞟了一眼过期时间。哇哇，一看吓一跳。该药的过期时间是2014年1月1日！

美丽的乌毛蕨是洞穴中常见的蕨类植物，也出现在最后一个洞穴中。

考察队员站在洞穴中的河水里留影，给2017年野外考察画上句号。

泰国

2018年　2019年

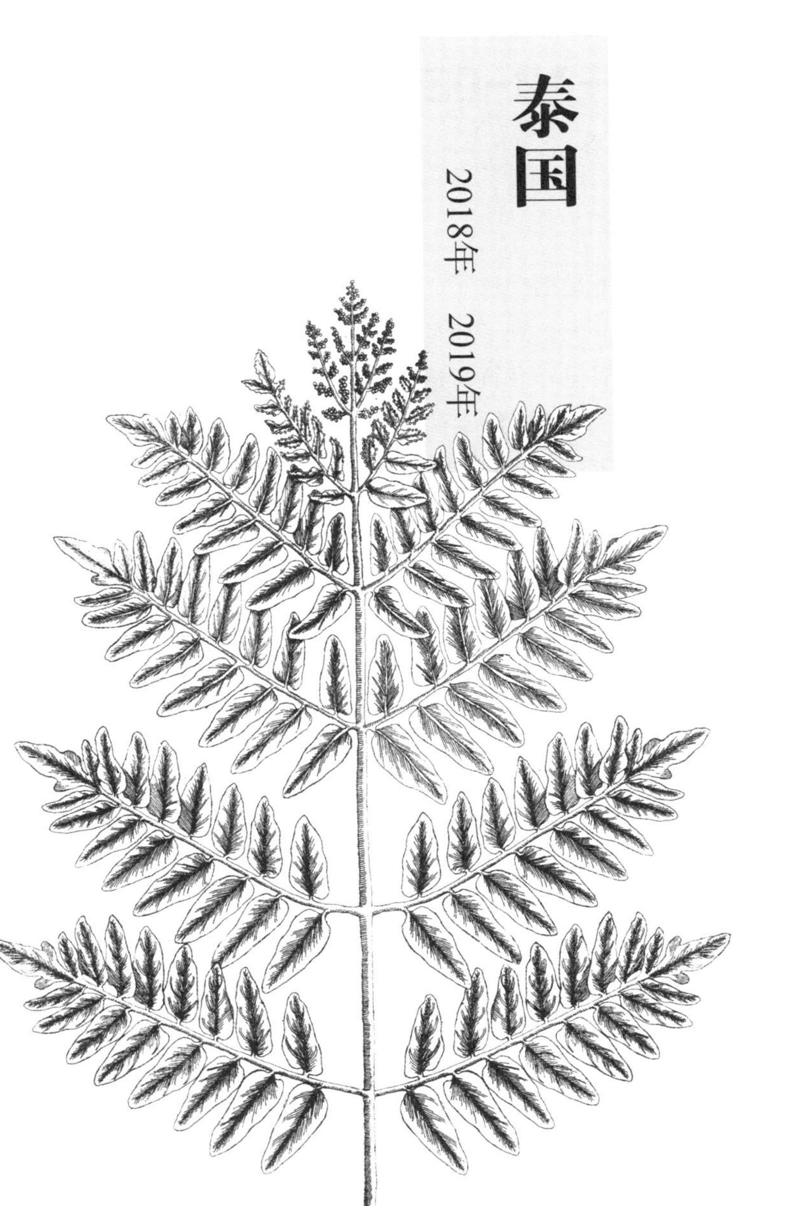

2018-12-03

成都—曼谷

尽管来东南亚不是第一次了，这次来曼谷还是让我震惊不小！前几天在圣路易斯晚上都是零下了，到了成都白天是10℃左右，今晚到曼谷却是38℃左右的高温！尽管理论上很好理解，这里四季如酷夏嘛，但是在这么短的几天里，经历如此大的反差，还是让我惊叹这世界之大！

从成都出发的飞机在17：00多准点降落曼谷。朱拉隆功大学（Chulalongkorn University）的罗诗琳（Rossarin）教授和她的学生Puttamon来机场接我。由于明天要参加Puttamon的答辩，我比良提前一天到这儿。他们带我上了Puttamon的车——一个博士生能拥有车，我有些惊讶。一个本田小型轿车，他说大概13万人民币买的，是家里的车。

上了车，我才注意到，泰国的车驾座在右边，开车时靠左边行驶，是英式风格。估计在亚洲，其他受不列颠文化影响深远的马来西亚及南亚各国也是英式驾驶风格吧？

22公里的路程后到曼谷中央酒店入住。他们送我到房间，但我穿着御寒保暖的厚袜子和棉毛裤没机会换掉，如此顶着35℃的高温出去，到街对面的饭店吃饭。幸亏饭店里有冷气！

晚餐4个菜，其中的蟹肉鸡蛋和冬阴功汤很特别，尤其是冬阴功汤。据说这汤是一道泰国名汤，典型的泰国菜，是世界十大名汤之一。在泰语中，“冬阴”指酸辣，“功”即是虾，合起来就是酸辣虾汤。汤里面用了香茅（柠檬草）、泰国青柠檬、幼茄、香菇、薄荷叶、泰国黄姜、小红椒、香菜等佐料，味道极为特殊和鲜美。

泰国名汤——冬阴功汤，是世界十大名汤之一。

朱拉隆功大学的罗诗琳教授和她的学生Puttamon做东，请我品尝泰国餐。

2018-12-04

曼谷

7：40在宾馆吃早餐，自助餐非常丰盛，有西式的和泰式的各种点心、面包、水果、饮料、菜蔬，一些古怪的水果吸引了我，还有红酒汁烧鱼很有特色。

罗诗琳在8：00准时来接我，乘坐1号地铁一站就到了朱拉隆功大学。这是泰国最古老、最好的大学，有个别专业在全世界排在前50名之内。脸上满是稚气的穿校服的大学生多起来了。进入校园，高雅脱俗的大学氛围总是让我欢喜。我们来到植物学教研室。进入教研室得脱鞋，这种情况还是第一次遇上。植物学教授们的办公室、标本馆都在这个门之后。3间大屋连在一起，室内一尘不染。罗教授把我一一介绍给其他教授，他们似乎都知道我，其中

我提前到达曼谷的目的，就是要参加Puttamon（左4）的博士答辩，答辩后新出炉的博士与7人答辩委员会合影。

一个教授说我在世界上非常有名，我很惊喜！

过了一会儿，Boonkerd教授来了，他是我素未谋面的老朋友，见到他非常亲切。远在2001年他就寄给我他和罗教授的大作《泰国的蕨类植物》。辗转中国、德国、美国17载，这本书一直在我书房存着，就如同他和我之间的个人友谊和学术上的互相支持，在心灵深处永远有一席之地。我给他从美国带来Snicker巧克力，他送我他最近出版的精美的《朱拉隆功大学植物志》，并在上面签字："纪念丽兵博士和老师的2018年泰国访问。"从大学毕业至今的31年学术苦旅，打拼了31年，贫寒了31年，但每每想起收获的朋友的友情与尊重，我还是觉得挺富足的。

晚餐与良和Puttamon一起享用。木瓜虾仁沙拉，是我最喜欢的泰国菜肴之一。

Puttamon的博士答辩9：00开始，答辩委员会共有7人。他用流利的英语做了精彩的报告，然后是长达2个小时的问与答，快到12：00才结束。他最后得了3.625分的优秀成绩，为4年硕士、6年博士的学习画上了一个休止符。每个答辩委员会成员得到3 400泰铢（相当于人民币700元）的劳务费，工作餐是外卖送过来的便当。我选了带冬阴功汤的那种——再次喜欢泰国国汤冬阴功。

罗教授给我看了她采的瓶尔小草，它是世界上最小的该属物种，高不足2.5厘米，长在苔藓中，幼叶只比苔藓略高一点——我惊叹植物世界之美。意外认识了Sahanat博士，他在研究泰国的瓶尔小草。我们都决定合作做全世界瓶尔小草科的系统研究，我和良、鑫已经开始做了一段时间了。

16：00多我坚持自己乘地铁回宾馆，结果乘错了车，只得倒回去。近21：00，Puttamon将良从机场送到宾馆，我们仨又去了昨晚上的那家餐馆。这次我们喝的狮牌啤酒，要了4个菜，其中木瓜虾仁沙拉和冬阴功料炒面条太好吃了。

2018-12-05

曼谷—比洛克

8：00，罗教授准时来到宾馆，良和我已经准备好了。一路向西。高速公路路况很棒，车辆不算多，公路也不收费。

9：00多，我们停下来买新鲜的椰子汁。椰汁真的好喝，我一口气喝完了我的那颗椰子中的全部汁水，吃光了里面的嫩椰肉。据说这种用来取汁的椰子的品种跟别的不一样。我们还买了柚子，这柚子蜜甜中带苦味，是我吃过的最好吃的柚子。

11：30，我们停下来吃中午饭。由于不怎么饿，我和良都只要了粉丝，司机和罗教授要了米饭，分别是6元和8元。午饭后不久，我们拐进了一个小路，去看大树上的附生蕨类。采到鹿角蕨，还有一种石韦。一种夹竹桃科的植物很美，*Beaumontia grandiflora*。后来去了大娃洞，看到4种蕨类，采了1种卷柏。发现泰语“洞”的发音跟中文很接近；我们还注意到，跟中文发音接近的泰语还有“象”“狮”“包”。再次上路后不久，罗教授买了竹筒糯米，可肚子里哪有空间呢，我们一点都不饿。后来来到一片林地，在那里逗留了一个多小时，我们采了约10种蕨类。

16：00多，到了我们要入住的度假村。由于是泰国节日，偌大的度假村就我们5人入住，很安静。我们要了100元一晚的3个房间。晚饭有6个菜，最喜欢缅式香肠、tum kha kai椰奶炖鸡、香草河鱼、辣椒菜蕨。豹牌啤酒很不错。

压标本到21：00多。

2018-12-06

比洛克

7：00就离开度假村去镇上。每人8元的自助早餐很丰盛，几道鱼菜很好吃，有咖喱碎鱼、柠檬叶河鱼、香茅鱼仔、香辣小鱼。

继续往西。在一片椰子林，我们采到1种骨碎补、1种书带蕨、2种石韦、1种丝带蕨。

中间的泰国司机驱车带我们经历了这么多年野外考察中最烂、最危险的路。

11：00左右到了北碧府（Kanchanaburi）通帕蓬县（Thong Pha Phum）比洛克（Beware Pilok Mining），这是一个泰缅边境小镇，60年以前因锌矿开采而繁荣，现在是旅游胜地，有不少游客。镇上的那个湖里，水清却有很多鱼在水中游。我们在采矿咖啡馆（Mining Coffee）要了冰咖啡，好喝！

我们会在这里换乘四驱的越野车去边境考察，沿着以前的采矿路线，路况不是很好。

12：30左右才从采矿咖啡出发。在柏油路面上行驶了约3公里，我们右转进入未铺的山路。边行驶边停，我们边采标本。在次生林下，竹子优势，蕨类植物种类不多，也不特别。我们一路上到海拔900米，路还不算太差。向左下方开始，路边的指示标志显示，只有四驱的车辆才能往前行驶。心里开始有点紧张起来。确实，路很陡、很烂，幸亏没下雨。良和我都感慨，这么多年野外不少次，去过不少地方，但这是我们所经历过的最烂、最危险的路，还好我们租的车也是马力最好的四驱车型。有好几个地方，我们都捏了一把汗，我们是否能继续前行？我们这样危险地考察，是否值得，是否太过了？司机似乎一点儿也不知道我们的担心，继续左拐右转地开着车。车颠簸得厉害。我和良，我们平常的司机Mirach坐在敞篷上，不时自问，司机将怎么开过下一个关。我们来到一个左边足有半米高的坎，我和良觉得我们可能下不去了。司机犹豫了一下，从右边的脊梁上下去，车向左边猛地栽了一下，我们过了这道坎。窃喜！我们下到海拔640米的地方，几乎是谷底。

我们向右转，沿着山谷的另一面上行。来到了几座房子前，停下。罗教授和侄女向大房的门口走去，寒暄起来。她叫我们过去，给我们介绍了来自澳大利亚的Glenn老太太。住在深山里的今年78岁的Glenn老太太的故事很传奇。她24岁时跟随学矿山工程的丈夫，从澳大利亚西部来到泰国此地开采锑矿。生意兴隆时，他们雇用了600人左右，直到25年前左右，中国的锑矿挤垮了他们的矿厂。后来他们将矿舍变成了旅馆，吸引了众多想体验冒险旅途的国内外游客。罗教授本来安排我们明晚住她的家庭旅馆，但她明晚有38位客人到来，根本就没有我们的房间。老太太的丈夫多年前去世，这里主要由她一人来经营。她78岁高龄，身体非常好，每个礼拜有人带她出去买一次东西。她早年在曼谷大学里教英语。有一个儿子，48岁了，娶了一个泰国媳妇，有个孙儿，才3岁。儿子在一家保险公司工作，满世界飞。儿子在她住的房边建了一个木屋，本来给自己住，但很少时间回来。Glenn很喜欢一人独居大山深处。她不愿搬出去，说是喜欢这里的空气。她说一口流利的泰语。我跟她用英语交流，她的英语有浓郁的澳洲英语的口音。

金毛狗蕨（*Cibotium barometz*）属于2006年才独立出来的金毛狗蕨科（Cibotiaceae）。

她说我的英语很好。我告诉她，我生活在美国密苏里，但我是中国人。她说，世界上到处都是中国人。我笑着说，是。我有些担心，如果她生病了，怎么办？她说距此5公里左右有个部队诊所，她有时去那里。我的手机在那里没有信号。估计她应该有跟外面联系的方式。不知她儿子是否担心她一个人生活在这深山里？

告别Glenn时，罗教授跟她说“Good bye！”Glenn敏感地反应：“Don’t say Good bye， but say see you again！”我同意道：“See you again soon！”确实，前者可能意味着诀别，而后者是抱着再见的希望。

告别了Glenn，我们在周围采到几种蕨类，包括一种剑蕨。原路返回。上坡比下坡似乎容易多了，也快多了。上到800米时，良的帽子被一树枝刮掉了。我们停下来。采到剑叶陵齿蕨。回村子的路上，又采到一种芒萁、两种双盖蕨。天黑前，去了一个瀑布，采到华南紫萁、海金沙。

18：30回到旅馆。19：10吃晚饭：烤紫薯、胡椒猪肉、大蒜鱿鱼、空心菜、香茅烧鱼和冬阴功。

78岁的澳大利亚老太太Glenn（中）独居泰国大山深处，有着传奇的一生。

树干上附生的槲蕨（*Aglaomorpha* sp.）。

2018-12-07

比洛克—曼谷

7：30开始吃早餐，肉末粥加上点不知名的碎绿叶、鱼子酱，很有特色。切片面包烤一烤，涂一层草莓酱，像西式的面包。再来一杯冰咖啡，很满足了。

驱车不足10分钟，我们来到了位于一个山脊的泰缅边境。泰方有荷枪实弹的哨兵，缅方是悬崖绝壁。从我们站的地方可清晰地看到缅方的风景，其中一个天然气加工厂很醒目。缅甸向泰国大量出口天然气。我们入住的客栈也用缅方的天然气。在边境我们采到1种铁线蕨、1种三叉蕨。

泰缅边界上可见缅甸的一个天然气加工厂（中）和悬崖上的竹子制成的障碍（左）。

我们回到了镇上，在附近走了一会儿，采到一些肾蕨，还有一种海金沙和一种双盖蕨。沼泽地生境的攀打树很美。忽然一阵晨风吹来，从湖的另一头向我们住过的客栈方向回望，陡然发现这个边境小镇美极了。湖左面的老镇木房倒映在水中，湖的尽头是挂满了美梦牌的许愿桥，许愿桥的左边便是我们入住的采矿咖啡客栈。

就要离开这个小镇，我突然有种淡淡的伤感。我的余生还会造访这个小镇吗？我们的司机Duu是否还会带我们去冒险？Glenn老太太是否还住那深山里，并且像昨天一样健康快乐？

离开小镇，我们去了附近的一个国家公园。由于没有这个国家公园的正式的采集许可，我们只能在路上悄悄地观察之前没有采过的东西。环境太干，也见不到几种蕨类，只看到长柄凤尾蕨，还有2种海金沙、1种毛蕨。

出了国家公园，来到Huai Kayeng度假村，它位于一个水库旁。水库下的发电站，供应泰国的部分电力。罗教授带我们来采一种水蕨，结果水位太高，找不到水蕨。往回走的路上，我们采到1种鹿角蕨和1种毛蕨。当地海拔只有100多

一阵晨风吹来，从湖的另一头向我们住过的客栈方向回望，忽然发现这个边境小镇美极了。

米，天气炎热。我们早上从海拔800米的地方下来，气温增加了不少。

回到村里吃午饭，喝冰雪碧，没有冰可乐。这顿午饭是迄今最丰盛的：4个鱼菜、1个蟹肉鸡蛋加1个猪肉花菜。鱼都是从旁边水库里来的鲜鱼。油炸大扁鱼、酥脆小片鱼、红色驼背鱼饼、酸咖喱芋柄烧鱼。不同的鱼菜配上不同的调料汁，美不胜收！最后一道芋柄烧鱼最受欢迎，每个人都认为那道菜最好吃。据说是道泰国西部特色的菜，其选料和做法与别的地方不同，我和良当然不知道这些细微的区别。已经很饱了，最后还剩下点芋柄烧鱼的汤，我忍不住舀入我盘里，浇到剩下的米饭上，吃尽！很满足。我以为这便结束午饭了，没想到还有一道甜品，椰奶香蕉。这是用黄绿色的未完全成熟的香蕉切成片，倒入椰奶烹煮而成。香蕉吃起来有劲道，像红薯，甜而不腻！吃完这甜品，我觉得今晚我不需要吃晚餐了！

午饭后我们往曼谷赶。大约1小时后，我们在一个站停下来买水果。里面实际上只有两种水果：哈密瓜和黄河蜜，大约40元一个，很贵，是日本农业公司的产品。看得出，日本在泰国的影响很广，电器、汽车基本上都是日本的，连

海金沙的孢子囊群长在叶子边缘，很美。

午餐包括油炸大扁鱼、酥脆小片鱼、红色驼背鱼饼、酸咖喱芋柄烧鱼；不同的鱼菜配上不同的调料汁。

高档的水果都是日本公司的。

今天周五，下周一——即每年12月第二个周一是泰国的民主日，因此这个周末是长周末，休3天。许多人都在今晚出去度假，交通有些拥堵。经良提醒，我才发现，一路上听不见一声汽车的鸣笛声，也不见抢道行驶，这样反而更利于交通。

20：00多才到曼谷。Puttamon准备了晚餐，我们就在他们大学植物室吃了便当，鸡肉米饭加上香菜鸡汤，不错。

整理标本到22：00。23：00多到大学宾馆。房间很大、干净，但没无线网。好在，我们手机上的流量都用不完。

朱拉隆功大学宾馆位于其校园内，很安静。昨晚Puttamon带我们从他们植物室到宾馆时，已隐约感受到了这个校园之大。据说大约占地16平方公里。在曼谷寸土寸金的繁华市区有这么大的地方给大学，是曼谷之幸、泰国民族之幸。

2018-12-08

曼谷巴欣南国家公园

罗教授他们7：30准时到宾馆，还带了泰国农业大学（Kasetsart University）研究泰国凤尾蕨的硕士生Ponpipat Limpanasittichai（Nai），这样我们的考察队变成了6人。早餐有两种：卤猪腿米饭和猪杂汤米饭，外加冰茶。几位男士要了汤，两位女士要了干货。拿到手，我才后悔，汤里有各种猪内脏和两块带皮油炸肉。很多年以前就不吃内脏的我硬着头皮吃了大部分东西，留下一块猪血、一块大肠、一块猪肺和一块猪肝，实在吃不下去。

天下起雨来。我们往东北方向走，12：30停下，在路边吃中午饭。同伴们要了米粉和米饭，看上去很不错，但我实在不饿。我吃了些哈密瓜，喝了杯摩卡冰咖啡。午饭间，小店里的竹器音乐很棒，让人觉得平和和宁静。罗教授说这是泰国东北部地区的音乐。

15：00左右来到巴欣南国家公园（Pa Hin Ngam National Park），还在下雨。良问我有没有带伞，我说没有。刚走出车门，忽然想起儿子两年前给我买的生日礼物，一件防水透气的外套，一直没机会穿，这次正好用上，果然很棒，大小也合适。这个公园以砂岩生境著名。没两分钟，看见了条蕨，很激动，新茂和我们正在做这个属的研究。还看到铁角蕨、卷柏、肾蕨、水龙骨，以及两种石韦。这里的生境很特别，优势树种主要是望天树的亲戚*Shorea*属的一种，其花和幼果很美。我们先是在岩石周围生境找蕨类，再沿着郁金香栈道走。据说夏天时，栈道两旁的野生郁金香甚是美丽。不知良走到哪里去了，我一路呼唤着他的名字，始终没有回应，我们不知该往前还是往后走。缓缓往前，过了大约10分钟，良从后面追了过来。他说没看到什么特别的。回到泊车地，我们去了另一条步行路线。采到泰国卷柏、长柄石韦、骨碎补。

18：00回到车上，往明天做野外的地方，距离100公里。

罗教授、张良和我在泰国巴欣南国家公园。

石缝间的波边条蕨（*Oleandra undulata*）具有横走的根状茎和单叶，分布于中国云南及东南亚、南亚。

2018-12-09

曼谷—纳姆瑙国家公园

司机Mirach习惯将冷气开得很足，我们在车内不得不穿一件厚衣服。每次停车下车，都瞬间体会车外炎夏、车内初冬的两重天。司机的要求和习惯最重要，我们只好尊重。记得第一天从曼谷出发去比洛克时，不了解情况，没有在车里放一件厚实的衣服。因为倒时差，我在车里睡着了，醒来时，鼻子不通了。白天在外跑还好，晚上回到客栈开始流鼻涕。那天晚上整理标本，我没法站在外面，见风就鼻涕长流！只好待在房间里，用电脑记录采集信息，别的忙帮不了。幸好，睡一觉后，第二天便没事了。那天后，便总在车里放一件厚衣服。

今天继续往东北方向走。10：00多到了一个瀑布。采到1种肿足蕨，大喜；还有2种铁线蕨，1种卷柏，2种毛蕨，1种海金沙。过了一会儿，又采到1种铁线蕨。我的一只手套找不到了，良将他的手套给我，他不怎么用。

12：30停下来吃午饭。由于在车上吃了不少从中国进口的脆柿子，不饿，但午饭太诱人，我还是吃了不少。汤也不错。

14：40到了泰国北部的纳姆瑙国家公园（Nam Nao National Park）。离门口下坡约50米有个桥，那里我们分头行动，约好15：00回到原地。

我独自纵步跳下小河的左侧，钻进丛林，看见了足有2米高的一种毛蕨。喜欢！前面没有路，我回头望，看到良在不远处，就心里踏实了，大胆地往前。茂密的原始森林中，蕨的种类不多。在右前方，我看见一条有隐约痕迹的小路，走过去，发现果然有人走过的痕迹，窃喜。我需要沿着这样一条路走，才能深入密林，也能轻松地返回。我走着，采到了近三叶三叉蕨，又找到了爪哇凤尾蕨。很高兴，这两个属都是我们所爱。我们近几年针对它们发过几篇不错的相关论文，良是这两个属的世界级的专家。我继续往前走。

偌大的密林，就我一个人，不觉得恐怖——探索、发现的欲望胜过恐惧。我找到了疣状三叉蕨的不育和能育叶，小心地拔起横走的根状茎。林子里很安静，我远离队友们20分钟了，已深入丛林约200米，接着我找到了更多有孢子囊群的爪哇凤尾蕨。突然，我听见不远处有窸窸窣窣的声音。我有点不安起来，在寂静的森林里有点鸟语或昆虫的鸣叫会让人安心，但这是我不熟的声音。两分多钟后，我又听见了附近树叶的沙沙声。这分明不是风吹的声音，密林深处没有风。我有些感到害怕了，因为热带雨林中有很多大型野生动物。我停下来，继续聆听着周围的一切。我很后悔，怎么进这个林子之前没打听一下里面有什么野生动物；也有点儿抱怨，怎么罗教授没有给一些警告，难道她也不熟悉这儿的情况？突然，我听见一阵哗哗啦啦声，我左前方的几棵树上掉下好多枯叶。我更紧张了，从这声音，我判断那儿有只大型动物。它可以游走于树枝间，说明它很可能是一只灵长类动物，我又有些放心了，继续努力地关注它的举动。我头顶不远处又一阵嘁嘁喳喳的声响，又是一阵枯叶落在眼前。我还是没看见那只动物，但它离我慢慢远去，我放心了。

附生在树干的鹿角蕨（*Platycerium holttomii*）真美！

这种毛蕨（*Cyclosorus* sp.）高达2米。

时间已过了罗教授说的回程的时间，我往回走，很快到了溪边。那里离我们开始分开行动那座桥也就约60米，我不怕了。我在水边采到一种根茎直立的毛蕨。快到小桥，发现黑足三叉蕨，大喜。

遭遇不知名动物的恐惧之后，我与大家重聚桥上！

台湾老板给我们做的泰国干面，里面没有油，有各种香料、干果粉和红肉，还有一种类似中国酱肉的东西。

回到桥前，不见众人。由于经历了刚才遭遇不明动物的恐惧，我决定打电话看他们在哪里。很快，我联系上了良，大部队就在离我不远处。良和他们在一个山洞附近采到一种车前蕨、一种双盖蕨和一种安蕨，都不错。

晚饭在泰国的连锁店“四人面馆”（Chai 4 Noodles）解决。店主在中国台湾工作和生活过12年，能说一口流利的中文。知道我们从中国来后，他用中文跟我们交流。他对中华文化很有好感，说中国对他有恩。回泰国后他一开始当了老师（不知道他是否是教中文），数年前有个在泰国的台湾商人，建议并帮助他开起了这个饭店。显然，这个小饭店足以养活他及家人，他心存感激！看到我们是中国人，他专门在面里加了饺子。饺子是从中国进口的。面上来的时候，出乎我和良的意料，这是干面，但又不是炒面，里面没有油，有各种香料、干果粉和红肉，还有一种类似中国酱肉的东西。店主给我们每人加了一碗汤。我们在7-11买了狮牌啤酒和Lay牌薯片，罗教授又在旁边买了中国油条，蘸着一种带甜味的绿酱吃。晚餐就这么简单而美味。

今天采了25号标本，这是我们这次野外考察开始后最成功的一天。由于人手多，压标本时我有时间修改可旺的论文。压完标本后，我继续修改论文，到午夜1：00才弄完，趁着网好，用电邮将论文发给了杂志编辑。

2018-12-10

纳姆瑙国家公园

旅馆老板破例为我们煮了稀饭。离开时，送给我们香蕉并和我们合影留念。

我们今天去了一个山洞。这是在泰国去的第一个山洞，也许是最后一个山洞。这个洞很像中国南方的许多山洞，洞里边的大小、洞口的尺寸都跟我们发现了许多新种的中国南方的许多山洞无异。所不同的是，这个洞里很干净，事实上，我看到的泰国到处都非常干净，比越南还干净。

这个山洞里有种只长在这个山洞的特有肿足蕨，去年才被研究发表。良和我都参与了这个种的发现与鉴定研究，我还是这个种的命名人之一。让人纠心的是，这个种现在大约只有10株。全球气候变暖和环境破坏威胁着这个物种及地球上其他许多物种

考察队员在洞穴中生长着细辛蕨（*Hymenasplenium cardiophyllum*）的泰国唯一居群的石笋周围合影。

的生存。这个洞里还生长着细辛蕨，泰国唯一的居群。可旺的研究发现，良在老挝采的样与其他地方采的样在分子水平上有些区别，但不大。不知泰国采的样会是如何?

出了山洞之后，我们又去了两个有瀑布的地方，采了3种毛蕨、2种三叉蕨、2种铁线蕨、1种针毛蕨、1种双盖蕨、2种卷柏和1种铁角蕨，蕨类的个体很多但是种类不多。两个瀑布之间有一座山，我们在山中的一片竹林下找到了具柄瓶尔小草。这是今天最令人期待的收获。

晚饭在一个叫昆明的村子吃，都是不重复以前的菜肴。这次吃的黄咖喱与上次吃的不一样。大家一致最喜欢的菜是一道干炒碎肉，非常香辣、刺激，与我们四川的辣完全不同。

晚上住在一个像度假村的地方，每个房间就是一栋别墅，之间离得较远。

弄标本弄到23：00，之后将3篇论文的最后一部分修改完，投了出去。

这个2016年才发表的泰国肿足蕨（*Hypodematium boonkerdii*）特产于这个洞穴中，仅存10株。

2018-12-11

纳姆瑙国家公园

今早检查电邮发现，我们组又一重量级的论文被*Molecular Phylogenetics and Evolution*接收，这是我们植物分类的最顶尖的杂志之一了。这篇论文基于全球取样，研究复叶耳蕨的系统进化，其中有许多的新发现。祝贺孩子们，特别是第一作者Ngan，跟何老板一起从2011年正式开始这个课题已经整7年了，真算是七年磨一剑。每一篇这样的大文章都不容易，虽然我们大文章不少。

早餐是一盘米饭加鸡蛋和炒肉。正在吃早餐时，Bonnmi就用拖拉机运来一棵好大的鹿角蕨，我们都被它的体积惊呆了。今天整个上午去了一个石灰岩山，还是昨天的两个向导领路。山路崎岖坎坷，得随时小心脚下的尖石。

这座山蕨类不多。最烦人的是蚊子，总是有一打的蚊子追着我们的手、脖子和脸上咬。由于很少人到山上来，因而蚊子们都好不容易等到机会，准备美餐一顿。它们不顾一切追着我们，甚至不惜献出自己的生命。它们叮人、吸血一气呵成，可在半秒之内搞定。我身体的暴露部位已经有好几个肿包了，尽管我努力驱赶，它们中还是有些能成功。

一路上环境很干，只见到几种常见蕨类。快11：30了，我们走到了路的尽头。我和泰爬上一个悬崖，也只采到一种铁线蕨而已。罗教授他们也都陆续来到，准备往回走。突然，罗教授叫Bonnmi爬上我们刚上去过的那个悬崖，她看见了一株肾蕨，想要他采下来。但它生长得位置太高，另一个向导砍了一根小树，做成杆子，递给Bonnmi。他成功了，那株蕨掉了下来。

罗教授毫不怀疑自己的判断：“肾蕨！”

标本离我不远。“耳蕨？”我问道。

“不。肾蕨！”良反对。

我们捡起标本，良和我同时惊呼：“耳蕨！”

良马上问道：“新种？”

我说：“80%的可能性！”

的确，在这隔离的地方有一回羽状耳蕨，是新种的概率很高。它与尖齿耳蕨很相似，但羽片形状、耳状突起、叶柄颜色很不同。

我和良按捺住激动，让良跟罗教授通报这一喜讯，大家都欢呼起来！接下来大家轮番给这个耳蕨的各个部位拍照。罗教授还有点怀疑它是否是新种，我说99%的概率是新种。

一路上都欢喜着下山，路上碰到两个战争时没爆炸的哑巴炸弹，感觉很危险。13：30左右回到山下，大家都很饿了。午餐有烤鱼、烤鸡、竹编糯米饭、木瓜沙拉、米粉海鲜沙拉、香辣沙拉。最喜欢木瓜海鲜沙拉，脆而鲜，有柠檬的酸味而略带甜，还有点微辣，味美无比！

午餐间罗教授跟Boonkerd教授电话通报了我们的新发现，然后很遗憾地说，可能不是新种，而是陵齿叶耳蕨，并给我看了后者网上的图片。确实是一个种，我也记起东南亚确实有这种陵齿叶耳蕨。好失望！新种“滑丝”了！——何老板经常戏称这是“滑丝”耳蕨，这是指原先以为是新种的耳蕨，后来发现不是新的，就像螺丝的螺纹滑丝了，拧不紧了。没想到，在泰国也遭遇“滑丝”耳蕨！

午饭后已15：00了。去了20公里外的10级瀑布。爬了约300米很陡的坡上去，看到秀丽的风景。只采了几个种，都不特别。

晚饭时，我实在不饿，只吃了些蔬菜、海鲜，喝了瓶豹牌啤酒。

晚上整理标本时，实在不甘心——到手的新种耳蕨“滑丝”了！我又查了一下网上泰国、老挝和柬埔寨三国的蕨类志，发现上面陵齿叶耳蕨的耳突和羽片边缘跟我们采的耳蕨不同。我记不住陵齿叶耳蕨的模式标本是什么样子了，赶紧查Journal Storage数据库。哇，陵齿叶耳蕨模式采自马来西亚，其形态完不同于我们今天采的耳蕨。我忍不住激动，赶紧与队友们分享这一发现：我们的“滑丝”耳蕨没有“滑丝”，是新种！

Bonnmi用拖拉机运来一棵好大的鹿角蕨（*Platycerium holttumii*），我们都被它的体积惊呆了。

新采到的“滑丝”耳蕨，与马来西亚的陵齿叶耳蕨（*Polystichum lindsaeifolium*）的羽片形态不同，已被命名为新尖齿耳蕨（*Polystichum neoacutidens*）。

2018-12-12

普欣隆高国家公园

今早6：10就起床了。6：30准时出发。先到纳姆瑙国家公园的背后，那里不需要采集许可，而且那里有个特别的肿足蕨，很可能是个新种。

一下车就采到了安蕨，枯黄了，但还行。在挖一棵根茎时，我的左中指受伤了，掉了一块皮。还好，只流了几滴血。很快，我们在一个大石缝中找到了铁角蕨，仅两株。再往上，找到那个肿足蕨了，其形态确实有点特殊。Puttamon和良对它做过分子分析，据说很特别。看来，这是个新种没问题。我们仅见到6株，没囊群。再往上走，庄又采到碎米蕨和两种石韦。最上面是个观赏日出日落的地方。

之后是100多公里的路程，于15：00到达泰国北部碧差汶府（Phetchabun）的普欣隆高国家公园（Phu Hin Rong Kla National Park）的正门。我们准备沿着罗教授选择的一条路线进发，但公园必须跟一名导游，但这不利于我们的工作。罗教授遂带我们走另一条路线，她很熟悉这个公园。

10分钟左右，就看到一种条蕨。约两个小时后，我们在去一条瀑布的路上采了30号左右的标本。其中两种膜叶铁角蕨比较有趣，希望有一种是新的。明天可以问问可旺，他是这个属的专家！也见到极其罕见的角苔。

路上见到了我以前从未见过的大膜盖蕨（*Leucostegia immersa*）及全缘凤尾蕨，有个复叶耳蕨也有可能是新种。我们还采了3种实蕨，最令人意外的是，居然采到了对囊蕨——基于此种，良和我三年前发表了蕨类植物新科，对囊蕨科（Didymochlaenaceae）。

今天共采了44号标本，这是迄今最成功的一天。整理标本到0：30。

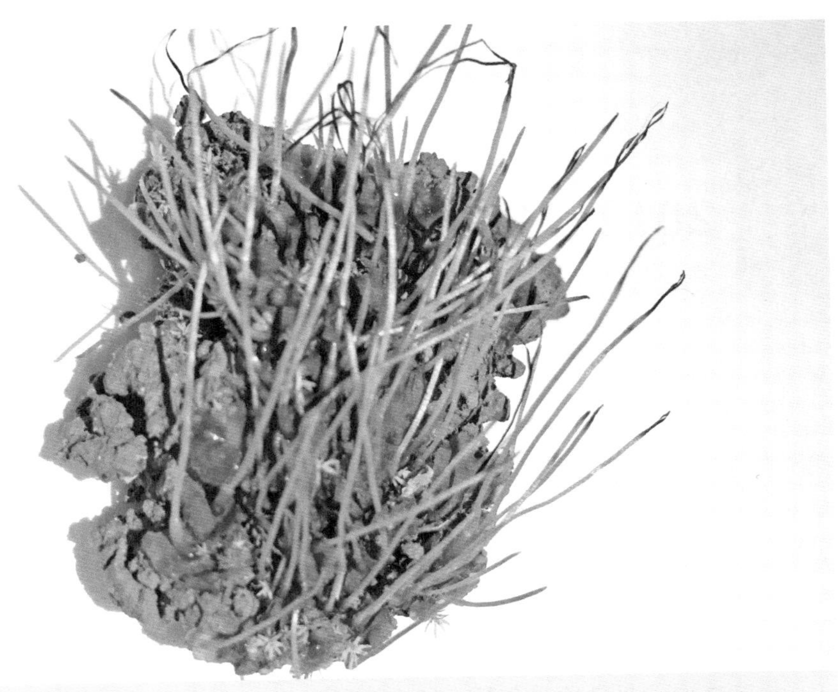

高领黄角苔（*Phaeoceros corolinianus*）是一种角苔（hornworts）。角苔因孢子体顶端像号角而得名，是三大苔藓植物类群之一，对研究陆生植物起源非常重要。

普欣隆高国家公园内的一条瀑布，左下方是一种鸟巢蕨（*Asplenium* sp.）。

2018-12-13

普欣隆高国家公园—曼谷

7：10出发去普欣隆高国家公园内的Lan hin taek，一个美石公园。我们必须在游客进园之前去那采集。

离入口约30米就看到了波状条蕨（*Oleandra undulata*），棒！再深入些，成片的波状条蕨生长在石缝中、石上和地上。我不经意回头望，看到一条石缝间，朝阳透过略有枯萎的条蕨叶子，形成一条金黄色中带绿的条带。美极了！

还见到了另一个叶足（phyllopodia）短的条蕨（*Oleandra musifolia*），在50平方米之内能见到两种条蕨，这也许是世界上绝无仅有的生境。另外，这两种条蕨长在一起，说明它们之间存在生殖隔离；否则，它们之间频繁的杂交会模糊两个种之间的界限，使它们成为一个种。新茂正在做的DNA分析证实它们在不同的两个系统发育枝，即亲缘关系不近。这能解释为什么它们能够共存。接下来采到了一种铁角蕨和骨碎补、卷柏、马尾杉、石韦等。

9：00到村上吃早餐，每人一盘米饭加炒菜。味蕾又享受了一把！

这个普欣隆高国家公园不仅风景秀丽，而且历史遗迹盛多。在这条路线我们采到了两种铁角蕨，还有条蕨、鸟巢蕨、水龙骨、卷柏各一种。快结束时，大家被地上一个名叫硬叶小金发藓（*Pogonatum neesii*）的孢蒴期的美丽所震撼，纷纷趴在地上照相。

晚上回到曼谷。Puttamon买了简单的晚饭，我们在朱拉隆功大学植物楼用餐。

整理标本到23：00，Puttamon送我们去曼谷中央宾馆。

一条石缝间，朝阳透过略有枯萎的波状条蕨（*Oleandra undulata*）叶子，形成一条金黄色中带绿的条带。美极了！

高不足5厘米的硬叶小金发藓（*Pogonatum neesii*）的孢蒴像个瓶子。

2018-12-14

曼谷

良和我早先在宾馆玩电脑，我修改薄唇蕨的文章，良准备他将要在东南亚中心做的报告。

10：05我们离开宾馆去植物楼。本来想走路，觉得时间紧，天气也热，对曼谷的熟悉程度也不自信，最后还是乘地铁去，从Hua Lamphong一站地铁就到了Sam Yan。曼谷地铁有16年的历史，但看起来也不比成都这两年新建的地铁落后，乘客们也自觉排队、不争不抢。

我们赶到朱拉隆功大学才10：45，先逛了一下朱拉隆功大学正好逢集的自由市场。东西很丰富，各种海鲜、水果最吸引我们。11：00前准时赶到植物楼，开始观摩Puttamon为我们烹饪午餐，一个研究兰花的刚拿到博士学位的女孩帮他。一个小时左右后，我们开吃。Puttamon是个厨艺高手，他做的与冬阴功齐名的泰国名菜东嘎概尤其美味。这道菜的做法是将香茅、柠檬叶、香菜、香菜根、椰奶、椰糖、小尖椒等十多种佐料与大块的鸡肉丁一起煮成，主角是鸡肉。Puttamon做的甜品是椰奶南瓜丁，由于里面加入了攀打叶，味道极其特别。

一顿美餐后，我和良研究朱拉隆功大学标本馆的蕨类标本。良似乎发现了一种较为特别的凤尾蕨，我确立了冯氏复叶耳蕨在泰国的新分布。

14：30左右我们离开植物楼。午餐吃得太多。我们决定步行回宾馆，一站地铁的距离，预计半小时搞定。良负责用谷歌导航，我很自信地一马当先。路上问了几个人，包括两个警察弟弟。约40分钟后，良发现我们离目的地越来越远了。天哪！幸亏良发现一个地铁站就在我们附近。结果乘了4站地铁才到宾馆。

晚饭时，我们都没有食欲。21：00多在街边吃烤鱼、方便面沙拉，喝了2瓶豹牌啤酒，共380泰铢。

Puttamon为我们烹饪的泰国名菜东嘎概，是将香茅、柠檬叶、香菜、香菜根、椰奶、椰糖、小尖椒等十多种佐料与大块的鸡肉丁一起煮成。

曼谷街边的烤鱼，味道了得！

2018-12-15

曼谷

这个泰国开胃菜叫Miang，很有创意。它是用像芥蓝的叶子包裹小洋葱、姜黄、柠檬、花生、油渣、虾仁小丁，再加以椰酱而成。

妻子和新茂凌晨4：00左右赶到酒店，打断了我和良的曼谷冬梦。我和良准备了黑龙啤酒和小吃，分了两听啤酒，吃了些小吃，继续睡。回笼觉睡到12：00多。13：00时，Thwesakdi教授、罗教授和Puttamon准时赶到宾馆。今天的重头戏是Thwesakdi教授的正式午宴和Puttamon博士毕业的一系列签字手续。Thwesakdi和Puttamon各开了一辆车，去郊外离我们宾馆足有15公里的饭庄。据说这个三星饭庄在曼谷有三家。食客中除我们外，似乎都是本地人。开胃菜叫Miang，很有创意。它是用像芥蓝的叶子包裹小洋葱、姜黄、柠檬、花生、油渣、虾仁小丁，再加以椰酱而成。主菜里有我最喜欢的黄咖喱和Sam Tum木瓜沙拉，还有我们没吃过的绿咖喱、红咖喱、炸虾饼、炸鱼饼、鸡蛋饼及两种不知道名字的豆科和茄科植物做成的菜。每一道菜都做得很精细，并各有特色。良认为，那是到那个中午为止我们吃过的最美味的一顿泰国菜肴，尽管我们之前吃的个别菜肴可能更好吃，但总体讲，那顿午宴最好。妻子和新茂都是第一次品尝泰国美食，新茂似乎很喜欢，妻子也非常喜欢，但觉得偏辣。

接下来是Puttamon博士毕业的10多份材料的签字。其他导师都签了，就剩下我的了，这倒容易。跟着的甜品也很好吃，多数是椰奶里边加不同的东西。这样的包括开胃小菜、主菜和甜品的正餐，更接近于西方的文化。

在曼谷街头品尝完烤鱼之后，再来一碗泰式刨冰，整个夜晚完美收官！

午餐后两辆车送我们去泰国皇宫参观。Thwesakdi教授、罗教授、妻子和我先到，在门口等了几分钟，结果是Puttamon他们找不到我们而围着皇宫转了几圈。找到我们时，已15：40，但皇宫在10分钟前关了门。很遗憾，只能围着皇宫转一下，妻子说不想转了，好吧，花了200泰铢坐出租车回宾馆休息。妻子说晚上要去看人妖表演。我兴趣不大，但也可以去。新茂有兴趣。良要完成老师布置的家庭作业。于是，新茂在携程订了3张票，每人45元。19：00乘地铁，11站后在Sutthisan下车。左转约200米后再左转直走就到了金东尼剧场（Golden Dome）。剧场门口的水果太诱人。丰盛的午餐后我们都没吃晚饭，于是买了削好了的小菠萝、波罗蜜、榴梿。哇哇，极其味美而新鲜。似乎还不记得吃过这样自然成熟的这些水果，尤其是榴梿，我的最爱！再来一个冰镇现开椰子汁，如何！

节目表演者人人都漂亮极了，除了两个喜剧丑角。节目非常精彩，表演非常专业，除了泰文化的节目外，还有中国文化、韩国文化、日本文化的节目。观众几乎都是中国游客。约一个小时的表演很快过去。观众可以跟演员们合影，40泰铢一人一次，明星则100泰铢一人一次。这个表演很不错，我们为良因作业而不能加入我们感到惋惜。

回到宾馆约22：00。约了良去前一晚吃烤鱼的地方吃夜宵。停电，便用手机点亮。过一会儿，来电了。点了两条烤鱼、一盘沙拉、一份炸猪肉带皮、两瓶象牌啤酒。夜宵后，再来一碗泰式刨冰，整个夜晚完美收官！多么美好的时光！

2018-12-16

曼谷—考艾国家公园

7：00从曼谷中央宾馆出发。今天的目的地是泰国中部那空那育省（Nakhon Nayok）的考艾国家公园（Khao Yai National Park）。这个公园以野生亚洲象而闻名遐迩，是世界文化遗产之一，在曼谷东部，约3小时车程。中途停下来，买水果。蛇皮果、大香蕉、柚子、石榴、番荔枝、波罗蜜和榴梿，买了一堆。

到了游客止步的地方，海拔1 000多米。我们留在座位上，拉上车帘，我叫大家别说话。国家公园由部队驻守着。罗教授要我们反复练习泰语的厕所Hong nam怎么说。如果有人问我们，特别是在林子里，我们就说Hong nam。这是最能被理解的理由，也是最简单的泰语。罗教授下车跟跟守兵交流。她利用自己在朱拉隆功大学的教授地位，终于得到去山顶的做研究的许可。因为大象出没或别的原因，游客不让登顶，但我们是跟罗教授合作的植物学家！

山顶海拔约1 150米，与海拔几乎是0米的曼谷相比，已经很高了。车停下，30米开外的左边有荷枪实弹的哨兵，罗教授要我们别看左边，更不能向左边照相。我们直接转去右面，以防引起哨兵的注意。几步之后，便发现了在泰国采到的第三种条蕨。新茂是这个属的专家，他正在做全世界这个属的系统发育研究。第一次在泰国考察就见到自己喜欢的蕨类，新茂大喜！又见到了普通铁角蕨、舌蕨、石韦、骨碎补、膜蕨、红线蕨，还有两种卷柏和槲蕨。走到一个悬崖，我们回头，从大路走到了一条野象的路径，看到了一堆野象的旧粪便，证明这一带确是野象出没的地方。在树干上采到了一种干枯的禾叶蕨。对是否能看到野象，我们心理是矛盾的。我们想在野外亲眼见到它们，但又害怕见到它们，因为野象伤人的情况时有发生，特别是现在正值野象的发情期，它们性情暴躁。前段时间在泰国，就有同胞被驯象伤害致死，还不是野象。

考察队员在考艾国家公园采到不少蕨类植物，野生大象就在我们附近。

又走了一会儿，我们见到一堆新鲜的细泥状的野象粪便。Puttamon说那是小象的粪便。据他判断，那是几个小时前的粪便。哇哦，野象就在我们附近。我心里又喜又有点怕。没过几分钟，我们回撤！没见到野象有点遗憾，但似乎见到了新鲜野象粪便，感受到了野象在附近的存在，算是最好结果。

离开最高峰，我们去Pha Kluai Mai瀑布，海拔660米左右。出发前吃中午饭，我和良都只吃了上午买的水果，其他人吃了炒饭。一头大雄性鹿子造访了饭店，我们还看到一条足有1.5米长的水蜥蜴。

我们边整理标本，边品尝泰式的海鲜比萨和菠萝比萨。

差不多有1公里路程，蕨类还算丰富。我们采到了一种原以为是金星蕨科植物的三叉蕨，还有剑蕨、车前蕨、卷柏、毛蕨、槲蕨、陵齿蕨、凤尾蕨、海金沙等植物。我和妻子在前面还看见一只长臂黑猴。

16：30往曼谷走，20：00多到达朱拉隆功大学。Puttamon订了比萨，我们就在弄标本的桌子上，在一堆标本之间吃比萨。其中，海鲜比萨和菠萝比萨非常好吃，良吃了5片！吸取了以前的教训，我强忍着只吃了3片。23：30回到旅馆。

2018-12-17

曼谷—达信大帝国家公园

罗教授他们8：15赶到曼谷中央宾馆。今天往泰国西北行，去来兴省（Chang Wat Tak）的达信大帝国家公园（Taksin Maharat National Park）。Mirach换了车子空调的压缩机，车内冷气很猛。

约中午，我们在Nakhon Sawan省吃中午饭：冬阴功面、鱼面、烤肉串。其中，鱼面很特别，由鱼肉粉和米粉混合做成，味道鲜嫩爽口。

在两个国家公园的边缘停下采集蕨类。有种二型的鳞毛蕨比较特殊，良认为是二型鳞毛蕨（*Dryopteris cochleata*），其模式采自尼泊尔。

20：00到达达府（Tak）的Ban湄索区（Mae Sot）的达（Tak）城。这是个面积不小的城。这次罗教授并没有从网上提前预订旅馆，以为住宿不是问题。我们直达罗教授以前常住的旅馆，结果城里主要的旅馆都因为泰国大公主的访问而爆满。大公主远赴泰西北的达城，为一个山区学校的建成而剪彩。我们只好到偏远一些的旅馆。还好，新旅馆像个别墅，每间客房都很大，是我们在泰国迄今住过的最大的房间。

由于处在泰缅边境，晚餐的饭店里的服务生据说都是缅甸女孩。泰缅在经济上有天壤之别，泰国对缅甸人有巨大的吸引力，在泰国各地都有缅甸劳工和移民的身影。

晚餐照例美味。有冬阴功火锅、煎土鸡蛋、黄咖喱、罗勒柠檬鱼和木瓜沙拉，还有今晚的明星菜——买麻藤炒鸡蛋。这个菜从来没吃过，以前也从来没有想过裸子植物买麻藤的叶子可以食用。据说是灌状买麻藤（*Gnetum gnemon*）这个种。每天都能学到新东西，使每天都觉得很新鲜。

由于一路匆忙赶路，今天只采了约20号标本。整理起来，并没花太多时间，23：00就完成了作业。之后，良开了两听从曼谷带来的U牌啤酒。这是第一次喝这种啤酒，味道要淡些，但还不错。

在加油站稍作休息。

以前闻所未闻的裸子植物灌状买麻藤（*Gnetum gnemon*）的叶子炒鸡蛋，是今晚的明星菜。

2018-12-18

泰缅边境（Thararak瀑布—Pacharoen瀑布—Maemoei国家公园）

Pacharoen瀑布是泰国最美的瀑布，照片上只是其中一部分。

几分钟的车程，我们就到达了由湄伊河（Moei）相连的泰缅边境。两边关卡都很松。人们从桥上、水上过关。我们如果要去缅甸，就可以凭护照得一个许可，去那边待一天。我们都觉得这太有趣了。两国竟然就这么近、这么容易来往。我们集体跟泰国守兵合影留念。接下来是逛边境贸易市场。这里好多两国的特色产品。新茂、良和我各买了一件T恤，以纪念这个泰国最西部的边陲小镇一游。

几公里之外，我们就到了Thararak瀑布。两股飞流直下，从天而降！瀑布流入山下的一个水库。水中好几种鱼儿欢快地游荡。一般来说，瀑布周围的生境总是适合蕨类的生长。我们在瀑布周围采到两种卷柏，还有三叉蕨、铁线蕨、肿足蕨、毛蕨等各一种。新茂说其中一种卷柏比较特殊。

11：20到了Pacharoen瀑布。这是泰国最美的瀑布，确实名不虚传。我们都被其美丽所折服。我们4个国际队员迅速往山上爬。蕨类植物还是不多。

走过泰国和缅甸之间的沙拉文河上的独木桥，就是缅甸地盘。

12：00回到公园开的饭店吃午饭。午饭有烤鸡、刺芹碎肉、炒鸡蛋，还有两种木瓜沙拉和一个叫Yam的菜。最后一个对我们来说是新菜。午饭时，看到几个老师带着一群大概是小学一年级的学生们在公园捡垃圾到一个大塑料袋中。哇哇，我们被孩子们的行为感动了。对这么小的孩子就进行这样的教育，这个国家能不干净吗？

约15：30，我们转战Maemoei国家公园。公园口附近有个山洞，Yalak河水流入洞中。穿过一个铁桥，我们往缅甸方向前进。翻山途中，我们采到了黑足三叉蕨和一种实蕨。我和妻子越过山丘，却发现无人等候。原来他们都在后面。采到近三小叶三叉蕨，但其根茎短横走，而非直立。之后，大部队来了。听见了铃铛的声音，罗教授说那是大象脖子上挂的铃铛。我们停下脚步，屏住呼吸，看到离我们约40米的地方，因大象吃食而振动的树枝。我问罗教授，可否走近去看大象，我太想见到它了。罗教授说太危险，不许我们接近。

往前100米，就是泰缅间的沙拉文河（Salawin），河上有一座独木桥。我们跨过独木桥，到了没有军人把守的缅甸。

在河边跟我们第二次同行的泰国蕨类硕士生Ponpipat Limpanasittichai

（Nai）、Kasetsart U.、Bangkok发现了一棵很小的水蕨。我惊呼着跑过去。哇，这就是传说中的水蕨！这是我第一次见到这个著名的蕨类。想起2007年，何老板和我听了贵阳王老师的指点，从贵阳狂奔至贵州黎平县去看、去采水蕨，但没找到。这么多年来，一直不能释怀。水蕨的墨线图和彩照看过不少，书上都说在河边、水田边常见，甚至好多地方会把水蕨当成一种蔬菜，但我与之素未谋面。对于做了30年蕨类研究的我来说，这是不可忍受的。今天终于见到水蕨，尽管只有一棵，尽管是棵幼株，但这了了我30年的心愿，而且这还是在缅甸见着的！狂喜！我强忍着，不让别人看出我有多兴奋！

在缅甸还采了一个生有数个芽胞的适应于河边湿地生长的星毛蕨。时间不早了，得往回走。听见一种鸟鸣，极其婉转特别，妻子甚是喜欢。良说要是那鸟声能做成手机铃声就好了。回去的路上，又听到那个野象的铃声和它搅动的树枝声。我再次问罗教授，我们能否接近它，去看它。罗教授还是不允。

匆匆回到公园门口，久等罗教授和Nai。过了约10分钟，罗教授过来说，他们发现了大量的水蕨和田字草。我们喜出望外，跟她来到铁桥下的小河边，看

研究蕨类植物30多年，却是第一次采到可以食用的水蕨（*Ceratopteris thalictroides*）！

到Nai手里拿着水蕨。我们太高兴了！原来湿地上有许多成熟的水蕨，我们采了些。良和新茂拍出了少有的美照。罗教授又指向一片田字草，我们奔了过去。哇哇！长这么大的田字草还没见过，而且还有成熟的孢子囊果。采了些，正准备满意离开，Nai拿了几棵宽叶的水蕨过来。我和新茂惊诧万分！难道还有第二个水蕨种？我们仔细观察，发现宽、窄叶子的水蕨形态稳定，似乎没有交集。说不定我们发现了泰国产的第二种水蕨！原来只知道泰国有一个种。莫非今天真是个好日子？！

田字草（*Marsilea quadrifolia*）是一种水生蕨类，毛茸茸的肾形结构是它的孢子果（sporocarp），内生多数孢子囊群，每个囊群上，同时生有大孢子囊和小孢子囊。

时间已是17：20。赶紧上车，路途尚远，天已黑。一路沿着泰缅边境蜿蜒曲折而行，几乎没有手机信号。良说还没见过这么荒凉的泰国地区。

约20：00，在一个荒郊野店加油。我们强烈要求司机将冷气关低或最好关掉，说是可以省油，实是感觉车内太冷。

20:40到达Amphoe Mae Sariang，先吃饭。晚餐有我们喜欢的炒鸡蛋肉末、鱼丸汤、空心菜、炸鱼块和森林咖喱。后者是以前没吃过的菜，有黄咖喱的汤味，但食材更丰富，味美超过黄咖喱。

弄标本至23：30。本来想喝啤酒的，但忘了冰冻。

附：

离开Maemoei国家公园前，见到一群5～7岁的泰国孩子在公园门前的草坪上嬉戏。这些孩子们大多数是男孩，只有两个女孩。他们干瘦的样子和脏烂的衣服，显示他们都出自贫困家庭，可能这个地区是泰国的贫困区。这与我们对泰国相对富裕的印象不符。

我叫新茂把全部硬币拿出来，孩子们跑过来要硬币，可惜硬币不多。上车后，我忍不住但又迂回地问罗教授（毕竟谈论他们国家的尴尬问题，不是很礼貌！）：“昨天泰国公主来剪彩的学校是不是就在这一带？是公主捐的钱建的学校？”我打起了擦边球。

“学校建在泰缅边境的山区。是公主捐的！”罗教授回答着，也看出了我关注刚才的那帮穷孩子，“他们不是泰国孩子！”

“什么！是缅甸小孩？”我立马想到。

“他们是华人小孩！”罗教授平静地告诉我们。

我立刻想到，难道这一带就是张明敏歌曲中的美斯乐？后来我查了一下谷歌地图，那里离美斯乐确实不远，是华人聚居区。当地华人祖上因历史原因滞留泰缅边境，几经辗转落脚泰北。背井离乡的日子不好过，充满了辛酸、困苦和血泪。他们却有赤忱的爱国之心，那儿的墓地全部朝向北方，因为那儿有他们心中的家乡——中国。虽然美斯乐地区华人的经济状况已提高了很多，我们今天亲眼见到，很多这一带的华裔生活仍然窘困。

我突然对泰国大公主昨天在泰国北部山区捐建学校一事，陡生敬意。学校的受益人中肯定有不少华夏子孙。

大学一年级时，在兰州大学欣赏张明敏的歌曲《美斯乐》，当时实在不明白歌词的意思，现在我才真正体会那歌的含义：

“在遥远的中南半岛/有几个小小的村落/有一群中国人在那里生活/流落的中华儿女/在别人的土地上日子难过……”

离开Maemoei国家公园前，与一群5～7岁的泰国华裔孩子在公园门前的草坪上合影。

在河边生境寻找被子植物下面的蕨类植物（田字草和水蕨）。

2018-12-19

Ban Mae Sawannoi野生生物保护地—Huai Sai Lueang瀑布

旅馆不提供早餐，我们就在对面的小餐馆吃饭。每人一份米饭两种菜。由于不怎么饿，饭的量也大，我只吃了一半。

9：00就到了Ban Mae Sawannoi野生生物保护地。一般人是不让进的，当然，我们不是一般人，我们是植物学家。新茂和Nai一马当先，冲进山沟，我跟进，良和罗教授垫后。很快，新茂就消失得无影无踪。我看到了一棵膜叶铁角蕨。我的直觉告诉我，这是一个不寻常的种，很可能是个新种。我需要专业摄影师来为这棵蕨拍照（我这次没带我的大相机！），大声喊新茂，说有膜叶铁角蕨。新茂知道，有膜叶铁角蕨便意味着可能有新种。新茂答应着我，但嘴里又说着什么，我听不清楚。他没有过来。我在周围找了一圈，却没有发现第二棵。不忍心采它，至少得等到有好的摄影师拍照后再采两片叶子。我等了一会儿，罗教授和良相继赶到。我告诉他们后，才离开。

我往上爬，见到了新茂，才知道新茂发现了一个卷柏新种。难怪，这家伙在那儿被迷住了。卷柏是新茂的最爱，几年的努力研究，他已是世界上卷柏属的专家之一，也是世界上有顶尖成就的卷柏研究者之一。他刚发现的这个种和在马来半岛发现的*Selaginella picta*相似，但叶腋下有两颗耳状突起，个体也比较大，分布在泰国北部。这大约是我们此行发现的第四个新种吧！

这条沟的生境很好，潮湿而没有洪水，蕨类种类丰富。再往上，又采到指叶双盖蕨、齿果膜叶铁角蕨、尾叶耳蕨、三叉蕨等。新茂看到一条灰色毒蛇，吓了一跳！

继续赶路。12：00左右在刚进入清迈府的路边小店吃午饭。午饭前，跟着罗教授在小店对面的路边顺便看蕨类。非常惊讶的是，新茂在这路边发现了另一种微小的卷柏新种！令人不敢相信！这顿午饭简直比免费的还值！

15：30到了Huai Sai Lueang瀑布，这里风景秀丽。采到几种并不特别的蕨类。走路去Mae Pan瀑布，在去停车场的路边采到瓦氏条蕨，新茂再次大喜！

停车场后，是500米的鸡肠小道，还不算危险，虽然难走。这个三级瀑布非常壮观。回程途中，良看到今天的另一条绿色毒蛇。回到停车处，Nai在旁边等大家时，在干燥的林中对着一株凤尾蕨拍照。良凑了过去，才发现那原来是个凤尾蕨新种，一阵窃喜！

今天游览了2个美丽的瀑布，碰到了2条美丽的毒蛇，发现了3个美丽的新种！全天采集了46号美丽的标本。弄标本到美丽的凌晨00：15。

新茂和罗教授拿着新种卷柏（*Selaginella* sp.），心里乐开了花。

乌毛蕨科的苏铁蕨（*Brainea insignis*）主轴木质、坚实，形如树蕨，极具观赏价值。

2018-12-20

因他暖山国家公园

旅馆的早餐很简单，切片面包和草莓酱、香蕉，加咖啡。罗教授和他的泰国同胞并不满足于这样的非正式早餐。因此我们去了家正式的餐馆，每人可以点两个菜和一碗白或黑米饭。我在那边吃了两根香蕉和一片吐司，已觉饱了，但看到这家餐馆的早餐实在诱人，忍不住要了一个菜、一条鱼和一碗黑米饭。

上车眯了一会儿，9：40醒来时已经到了因他暖山国家公园（Doi Inthanon National Park）的山顶。云雾缭绕的山顶吸引了大量的游客。此山海拔2 560米左右，是泰国最高峰。

山上风景秀丽，树木茂盛，常年气候凉爽。我们来这时，正值这里的冬季，整座山被雾气包围着，我们简直就是置身于仙境之中，很是特别！围着山顶的观景栈道走一圈才发现，原来我们赶上了这里最美的季节，尤其对于我们蕨类植物学家来说，这更是完美时刻，因为此时不仅云雾弥漫，而且许多夏绿性的附生蕨类植物变成金黄色、黄绿色，在云雾之中飘拂于树干之间，美极了！

世界上能有多少人见识过这样的风景，又有多少人能欣赏到蕨类此刻的美丽？你是否后悔此生没学蕨类学？

离开因他暖山的观景栈道，我们听罗教授的建议沿着公路往下走。离停车场约50米的左边路旁，我们停下脚步看蕨类。看到了——又看到了罗教授8月来找而没找到的一种卷柏，8月时气候太干。这种小卷柏经新茂观察，确属新种。罗教授大喜！

更令人叫绝的是，就在这个卷柏周围，我们还见到了一种瓶尔小草。这是种罕见的美丽蕨种，其孢子囊长在植株的顶部，形如穗状，中央有一条纵沟，成熟时黄绿色；其叶只有一片，长在茎的中央，淡黄绿色，与上面的孢子囊穗的颜色和谐一体，很是优雅别致！瓶尔小草的部分茎埋在苔藓丛中和地下，其根常膨大呈块状、球状。瓶尔小草在生物学上有名，是因为其染色体数目巨大，超过1 200条，是染色体数目最大的生物，在研究生物染色体进化方面，意义重大。我们人类只有23对染色体。对于蕨类学家而言，此生在野外见过一种瓶尔小草的人是幸运的，在野外见过两种瓶尔小草的人是幸福的，而在野外见过3种及更多种瓶尔小草的人是“信佛”的。

离开这个几平方米的宝地，我们顺着公路往前走。进入左边的林子，采到红线蕨、铁角蕨、膜蕨、凤尾蕨和石松。

后来沿公路走了一会儿。车在前面100米处等我们。离泊车处约5米的路边坎上，新茂和罗教授又发现了

云雾缭绕的泰国最高峰——因他暖山森林中的树干上，挂满了黄绿色的蕨类植物！

金黄色的高山条蕨（*Oleandra wallichii*），在云雾中飘拂于树干之间，美极了！

一种卷柏新种！他俩怎能不喜！简直没想到！这应该是我们泰国此行的第八个新种。

下行到因他暖山海拔1 810米的地方停下。我们从左边走进森林。在里面采到了今天大多数的蕨类，包括一种复叶耳蕨、齿果膜叶铁角蕨、铁角蕨，两种凤尾蕨、毛蕨、毛鳞蕨、双盖蕨和鳞盖蕨。

13：00，到一个小村吃午饭。天下起大雨。我实在不能这么半天就吃三顿饭，但他们各吃了碗面条。

雨下个不停，下午没法出去了，回旅馆弄标本。这是我们第一次下午不出野外。

19：00，弄完标本，去吃缅甸风味的晚餐，喝豹啤。妻子买了条缅裙，在7-11便利店买了甜点，是Nai推荐的。

23：00，到良和新茂住的房间喝冰镇象啤。好喝！

在路边惊奇地发现有柄瓶尔小草（*Ophioglossum petiolatum*）。

在研究生物染色体进化方面意义重大的（有柄）瓶尔小草，可以有1 000多条染色体，是染色体数最高的生物。这个属的植物在野外非常罕见。

2018-12-21

因他暖山国家公园

8：30前就到了因他暖山国家公园的树蕨园（Tree Ferns Garden）。这个园选址很好，依山傍水，海拔1 100米左右。里面除了引种泰国各地的树蕨或大型蕨类外，还有不少国外的种类。树蕨中有黑桫椤、白桫椤和金毛狗，其他大型蕨类有乌毛蕨、新乌毛蕨、苏铁蕨、狗脊蕨、复叶耳蕨、大叶鳞盖蕨、对囊蕨等。潮湿的生境吸引了不少本地的蕨类前来“考察”，并最终定居在这个树蕨园。园子的尽头是诗丽蓬瀑布（Siribhume Waterfall），很美。这个瀑布源源不断地将蕨类生长需要的水汽带向树蕨园的每一个角落。这样得天独厚的环境，世上其他蕨园没法相比。

树蕨园里的诗丽蓬瀑布。左边是水龙骨科的二色瓦韦（*Lepisorus bicolor*）。

美丽的树蕨园及上面的瀑布吸引了一些游客前来观赏，可惜能懂蕨、赏蕨、爱蕨、恋蕨的毕竟是小众。园子的尽头的诗丽蓬瀑布也不是因他暖山上的最美风景，只有偶尔几个散客游览这个树蕨园，这倒方便了我们采集标本。

10：40去了海拔约1 000米的地方，沿着乡村小道走了一会儿，在路边，新茂意外发现了一种新的卷柏，心里好不欢喜。良采到了更多前天发现的新凤尾蕨。沿着上山的一条小路，良、新茂和我上行至最高处后返回。采到苏铁蕨的能育叶片，还有疏叶蹄盖蕨、毛蕨、凤尾蕨等，看到几只美丽的毒蜘蛛。山上蚊子不多，这跟蜘蛛们的辛勤工作有关。

12：00到达Wachirathan瀑布，大家立即被其壮观景象所震撼。在这里我们采到4棵卷柏。

12：40大家回到泊车处，罗教授买了蒸紫薯和龙眼，都是美味。妻子说从来没有吃过这么新鲜美味的龙眼。

13：30在椰子饭店吃午餐。这个饭店很特别，各种碗、筷、刀、叉、器皿、桌、凳的原材料全来自椰子树。

14：30离开因他暖山。此山的美景太多，再加上4个新种和神奇的瓶尔小草，此行特值！

19：00抵达清迈防城，晚餐简单，一人一碗面。

弄完标本后是23：00，我们仨买啤酒两听，加上库存两听，喝掉，吃鱼皮花生两袋。感觉飘飘然。

在路边，意外发现了一种新的卷柏（*Selaginella* sp.）。

美丽的棘腹蛛（*Gasteracantha* sp.），是园蛛科一种无毒的蜘蛛。

2018-12-22

安康山—清道

2011年在英国皇家爱丁堡植物园访问时，那时还在该园工作的Stuart Lindsay曾给我采自泰国的被鉴定成陵齿蕨叶耳蕨的分子材料。我们的分子鉴定结果显示，它与中国南方的一些种类在分子上没多大区别。这结果一直困扰着我，因为陵齿蕨叶耳蕨的模式采自马来西亚，与我国南方相隔数千公里，怎么可能与我国南方种类在分子上没多少区别？我判断Stuart的样鉴定错了，而很可能是一个尚未描述的新种，但没看到凭证标本，难说！这次我们临时改变计划来安康山的主要目的，就是要找这个耳蕨及考察泰国高海拔石灰岩地区的蕨类。

7：00在旅馆吃的早餐。炒米饭还可以。7：30出发往安康山（Doi Angkhang）方向进发。不久，过安检，因为上面有个军事基地。安检很松，我们不用下车或说话，由罗教授说几句话就行，估计大学教授还是比较受尊重。8：45停下来，采了几种蕨类，没什么特别的。不久，过中国村前又是松散的安检。中国村的房子的门面都贴中文的对联。这里离美斯乐仅25公里，大概原国民党军39师的部分后裔在这一带寄居。10：30到达皇家安康农业站。在这个石灰岩山的植物园，有很多石生蕨类。罗教授仔细在湿润草坪上找瓶尔小草。她说她以前在附近采到过，说不定这里有。

良和我翻到皇家安康农业站园子后面的石灰山，没路，不是很干。采到两种巢蕨、一种石生薄唇蕨、一种凤尾蕨，还有条裂铁角蕨、双盖蕨、石韦等。但找不到我们想采的耳蕨。如果是奇特的种类，其分布范围一般都狭小。安康山这么大，到哪儿去找？

我先下山后，在等良的同时，继续在园子找瓶尔小草。在园中换了几个地点。该生境与我们在因他暖山顶找到瓶尔小草的生境很像，潮湿、草坪很浅。

手机显示，罗教授刚打过来电话，我打回，她说午饭已经准备好了。我赶紧呼喊还在山上的良，他刚发现一种双盖蕨。新茂赶了过来，说是刚认识两个佛罗里达的做卷柏的同行，但没深聊。我说，那应该赶紧去多聊一会儿吧。同行都该互相了解。

在把我介绍给那两个老美前，罗教授把我们介绍给了她碰巧遇到的Piyakaset Suksathan博士，他在清迈的斯瑞科皇后植物园（Queen Sirikit Botanic Garden）工作。非常幸运，Piyakaset说他知道我们要找的那个耳蕨在哪里，Stuart的那个样本就是他带去采的。

哇哇，怎么会有此等运气！午饭后，Piyakaset如约带我们去了一个像是天坑的山谷。在那里，我们见到了这种长于石壁上的耳蕨。它确实不是模式产于马来西亚的陵齿蕨叶耳蕨，是个新种！总共只见到30株左右。一条规划的旅游线路从这个石壁旁边经过，威胁着这个刚被认识的耳蕨新种。回程时，我跟Piyakaset请求，看能否利用他的影响，改变那条旅游线路，以保护这个新种。

午饭时巧遇一向导，他带领我们找到了只有约30株的新种耳蕨（*Polystichum* sp.）。

往前走，采到轴果蕨、鳞毛蕨，还有两种巢蕨和条裂铁角蕨。看到一只在巢蕨叶下面睡大觉的灰绿色的青蛙，很美！不知这青蛙是否是个新种。良发现了一个近*Pteris cretica*的新凤尾蕨；在一个山洞附近又发现了一个耳蕨新种；在山洞中发现一个类似于秦氏膜叶铁角蕨的蕨种，很可能是新的。这个山洞很像中国南方的山洞，可惜在泰国这样的山洞很少。

在村子附近看见两座刻中文名的坟墓，其中一位逝者来自云南峨山县。晚上住清道，在一家华人开的泰国餐厅吃饭。

今天收获颇丰，在3个属中发现4个新种，还有其他不少罕见的蕨类，再次证明石灰岩地区的物种特别！

去采那个耳蕨新种回来时，我问罗教授，是否可以去她上次采到瓶尔小草的地方去找瓶尔小草，她说现在是干季，现在去找不到。我又要求她，问一下Piyakaset，毕竟后者是本地人，看他是否知道附近长瓶尔小草的地方，但她说她问了，没有别的地方。

好吧，反正今天采了4个新种，该满足了。

7年前基于爱丁堡的分子材料判断，泰国北部的这个耳蕨是个新种；终于在野外采到并确认。

我们回到泊车的地方，参观盆景园，里面有两种铁角蕨。盆景园面积不是很大，但做得很精致。园区摆满了各种盆景，大多数盆景的基部都用藓类植物来保湿。园区内的温室也了不得，钢筋水泥制成的树枝绑满了苔藓，然后将各种植物种于苔藓丛中——绝佳的主意！温室里有4株矮化的乌毛蕨，据Nai说，每株都值2 000泰铢。温室中间的那棵大树的中央，由一棵叫糙叶马尾杉的蕨类点缀，这是这个不大却精致的温室的传神之作。

就要离开盆景园，结束今天的采集，也结束圣诞节前的采集。今天采了4个新种，但没采到瓶尔小草，终究有点遗憾。

突然，罗教授叫我："教授，你过来看看这些是什么？"我们走过去一看，被惊呆了。"*Ophioglossum*！"我惊呼着瓶尔小草的拉丁名。原来有好几盆盆景的基部苔藓丛中都长着好几棵瓶尔小草！盆景园中的瓶尔小草就成了我们今天的最后一号标本，我此生的第10258号标本！

在清迈罕见洞穴里发现两种疑是新种的蕨类植物。

温室中间的那棵大树的中央，由一棵叫糙叶马尾杉（*Phlegmariurus squarrosus*）的蕨类点缀，这是这个不大却精致的温室的传神之作。

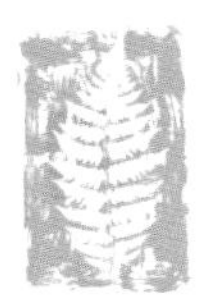

2018-12-23

清道—曼谷

圣诞节前回曼谷。清岛的旅馆没早餐。对面华人餐馆的87岁的华人老太太为我们做椰奶糯米糕，香浓可口。据说她曾为国王和王后做这道美食，我们能品尝她的拿手绝活，也算是有幸了！接下来的正式早餐，我肚子已经没有了空间。

10：00多到Hang Chat的大象学校，骑大象、逗大象和观看大象表演。表演前，全体起立，奏歌颂国王的歌曲。表演由一头小象拉响铃声，正式宣布开始。憨厚的大象有拉木头、整理木头、跟骑象人交流、鞠躬、听到它们名字后答应等各种表演。最精彩的是两头象表演画画，它们分别画出一头大象和两头大象的背影和一棵大树。令人惊叹！书店里有大象艺术家们画的各种作品售卖。看完秀，再去骑半个小时的大象，很开心！

这棵大树上附生了鹿角蕨、石韦等很多蕨类植物。

路途遥远，21：00才到曼谷中央宾馆。良和新茂去朱拉隆功大学放行李，并准备26号南行的装备。Puttamon做了椰奶南瓜，他们在植物系办公室吃了，带回一饭盒给我和妻子，很美味。他们还带回两大听象啤，喝掉！良订了明天去芭提雅（Pattaya）的海边海景房。小晏今晚到。准备过圣诞节！

到了泰国，别忘了骑大象啊！

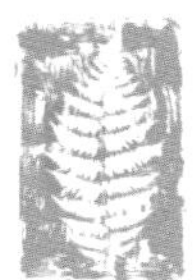

2018-12-25

芭提雅

每年的圣诞节都不一样，今年的尤其不同。

00：30左右，从机场打车花了1 600泰铢，良和小晏终于到了芭提雅的湾景酒店（Bay View Hotel）。等他们放下行李，我等立马向步行街进发。

凌晨1：00在街边吃迟到的晚餐。妻子和新茂要了米饭加菜，小晏点了炸鸡腿和薯条。良觉得搞笑："到芭提雅来吃炸鸡腿和薯条！"良和我都不觉得饿。饭后，我们拐到了一条边街，热闹非凡，门口有俊男们招揽生意，进行特色表演。

步行街热闹、喧嚣，许多女孩站在街边。街头有好几个警察为这里的生意保驾护航。这里的鲜椰汁味道还是不错的。回到宾馆是凌晨3：10。

9：00，大家都来我们房间吃小晏带来的昆明佳华鲜花饼、喝咖啡。由于12小时左右前才刚出炉，鲜花饼酥脆可口，非常美味。之后，大家去海边游了一个小时泳。我在海里多待了半小时，实在不想走。水温宜人，人不多，可一动不动地躺在高密度的海水里，任凭浪起浪落。

10：30加入其他人的队伍，在游泳池里待了一会儿。新茂在池边的绿化带里采了两个种的几枝栽培的卷柏和一种拟贯众。这是今天的第一和第二号和第三号采集。

11：00集合，按妻子指示，大家去唐人街附近找吃的，虽然我特想再次品味昨天的海鲜比萨，太美味。看了几家，我推荐韩式料理，大家接受。良点酸菜火锅和绿豆饼，妻子点了鱼。十多盘前餐小吃，众人称绝，都认为是不错的选择。

13：30到真理殿（Sanctuary of the Truth），门票每人500泰铢。贵！之前在泰国还没遇到过这么贵的景点。妻子和小晏需要租一块围裙才能入内。到了真理殿，才觉得这个门票值。这个始建于20世纪80年代而尚未完工的佛教纯木式建筑，大气、精致，令我等赞不绝口。许多工匠、艺术家和工人正在进行修复或续建。参观完真理殿，在外面喝杯冰镇鲜榨果汁。大家都有些累了，昨晚没睡足。取消了去海上浮动市场的计划。

回到旅馆正好16：00。约好的曼谷来的出租车18：00多将我们送到中央宾馆。19：00乘地铁15站去Chutuckak花草夜市买植物。这个夜市，每周两次，规模巨大。这样的规模，是我见过的最大的。各种热带植物，应有尽有，不应有也有。我们感兴趣的蕨类植物也有不下20种。我们先买了盆具二型叶的三叉蕨、实蕨。看到5种马尾杉，甚是喜欢，想买各一片叶子做标本，每片出价100

夜市上马尾杉属（*Phlegmariurus*）的石松类植物，是受欢迎的观赏植物。

泰铢。讲了半天，一位小女孩帮翻译，店主非要卖整盆，每盆250泰铢。感觉有点浪费，也太多，我们每种只需一片叶子。好在小女孩说，斜对面的后条街上有小的马尾杉卖。赶去，跟店主说明用来作科研，需要每种一片叶子。店主亲自摘取每种马尾杉各一片带孢子囊穗的叶子，赠送给我们。我们坚持付费，他不收，我们很感激他。他问我们的情况，非常敬佩我们的职业，我们合影留念。

在花市吃泰式柠檬香茅香肠、喝椰奶。23：00回到中央宾馆，大家都觉得累了，放弃了计划要吃的麻沙鸡和啤酒。

游泳池边3号，加上花市上8号，以11号标本结束了圣诞考察活动。

金毛狗蕨（*Cibotium barometz*）的根状茎是园艺上的珍品，其毛常用作止血良药。

2018-12-26

素叻他尼

4：30，曼谷华人刘先生帮找的的士司机已经在中央宾馆等了一会儿了，他将我和妻子准时送达机场。妻子休假结束，回美。回到中央宾馆后，我睡回笼觉，直到8：10被良的电话吵醒为止，我没听见我的闹钟响。赶到楼下时，大家都在等我。

8：20上路，一路南下。

路上休息时，看见玉蕊科（Lecythidaceae）玉蕊属（*Barringtonia*）的植物带花，漂亮哦！罗教授买了指蕉，一种像手指粗细的香蕉，给我们尝。果然美味！午饭后，饭店老板免费给我们吃冰柜里的椰肉，好香。罗教授说这是种特别的椰子品种。

快18：00到达素叻他尼府（Surat Thani）的首府素叻他尼市。旅馆就在一条运河边。罗教授带我们到河边，采到水里生长的卤蕨及棕榈树上的瘤蕨和石韦。这个城市规模挺大，有10多万人。驱车去吃晚饭时，路经豪华装饰的福建会馆和海南会馆，当地华人似乎非常成功。有好的制度，华人在哪儿都会很成功。

泰国南部的美食与北部和中部有很多不同。总的来说，南部菜更辣一些，由于物产不同，南方美食食材也更丰富。今晚的冬阴功就有鲜竹笋片，这在以前是没吃过的。南方的海鲜也更丰富、更美味而价廉。

饭后去夜市逛。里边的东西让我们4个外国人后悔吃刚才的晚餐。夜市里吃的东西太丰富，简直超乎我们的想象。好多东西闻所未闻，各种水果、各种美食。其中的虫虫美食最吸引我，请求罗教授给我们买了甲壳虫、竹虫、大蟋蟀、小蟋蟀、蝗虫等，准备晚上下啤酒。又买了好几种水果，如两种棕榈科的、楝科的榔色果（*Lansium parasiticum*），当然，还有波罗蜜加糯米饭加椰奶。好吃的东西太多，从来没有见过这么丰富的美食市场。市场上人头攒动，生意兴隆。

22：40，良和我准备去城里散步买啤酒，我们都需要消化运动一下。新茂忙于填30多张未完成的年终考核表，不能同往。走出客栈，几只狗狗不喜欢我们，乱叫一通。左拐弯后，一眼望去，漆黑一团，7-11应该很远；正好街对面有个露天酒吧，带现场吉他弹唱。就那儿吧，良和我都同意。在那里喝去3瓶豹啤，听了15首吉他弹唱歌曲。惊讶地发现，泰国的流行歌曲怎么一首也没听过。这与几年前在越南的情况不同，越南流行歌曲有不少是华语歌曲换了越南语歌词。华语文化对泰国影响极小。

24：00回客栈，酒精效果正好，呼呼睡去。

玉蕊科（Lecythidaceae）玉蕊属（*Barringtonia*）的植物很漂亮。

许多昆虫或虫蛹是泰国人的美食。

2018-12-27

空帕侬国家公园

念念不忘昨晚买的虫虫美食和椰奶波罗蜜糯米饭，今早我拒绝正式早餐，我要吃那些人间美味。良不想尝，小晏看着我吃得香，也鼓起勇气尝了些，新茂也喜欢。有些虫虫在云南也是作为美食的，新茂小时候还亲自捉了油炸着吃。

快10：00到达泰国中南部素叻他尼府的空帕侬（Khlong Phanom）国家公园。一进山，新茂就采到了以前没采过的卷柏，如果是新种，这不奇怪。再向上，良发现了泰国之行的第一个黄腺羽蕨。开始我们还以为是芽蕨，但其本身叶脉不是联结的。后来南林许老师帮助鉴定了，他是这个属的专家。良还发现了一种之前没见过的叉蕨。随后找到了两种芽蕨，其中一个是新种。在回来的路上采到15年前刚发表的一种新的铁线蕨，其全身被密毛，很特别。这个种特产于距这里约50米的石灰岩悬崖，其生存环境受到全球变暖和人类活动的严重的威胁。我要罗教授跟公园提议，看是否可以将经过此悬崖的旅行线路绕开这里。正说着，一条一米多长的毒蛇“嗖”的一声“飞”过Nai的面前，他吓得尖叫一声。好悬！

在山顶还采到一种铁角蕨，我们一开始还以为是膜叶铁角蕨，但其根状茎直立或短横走。可旺说是铁角蕨。还有一种带芽胞的双盖蕨，很漂亮。这里蕨类有很多都跟以前在中北部采到的不一样，看来我们在最后一段旅程选择来南部是正确决策。

15：00才吃上午饭。每人一碗粉。这是迄今吃过的最好的米粉，里面有炸猪肉、脆玉米片、新鲜肉、豆芽、香茅、柠檬和葱，味美无比。

18：20赶到旅馆。

鸟巢蕨（*Asplenium* sp.）
形态美丽，在泰国常见。

板根现象在热带雨
林中很常见。

2018-12-28

銮山国家公园

旅馆的早餐还不错，有煎鸡蛋、吐司面包、香肠、咖啡和牛奶。泰国朋友们吃完旅馆早餐后，又去外面的餐馆吃正式的带米饭的早餐，同时也准备午饭。今天午饭要在森林里吃，因为得在林子里走4公里山路，去一个叫作Krung Ching的大瀑布。

由于洪水冲毁了一些游览的路，甚至有路段还有大树倒塌，銮山（Khao Luang）国家公园不对外开放。罗教授花了一定时间才征得公园同意让我们进园科考，但他们必须得派一人跟我们进去，保证我们的安全。

准备跟我们一起去的公园工作人员叫Chai，他说他得准备午饭。为节约时间，我赶紧说，我的午饭可以给他吃，我不需要，可以吃水果。

一进公园，就惊讶于园内蕨类的多样性。昨天罕见的黄腺羽蕨在这里很常见，且长势良好，个头很大。更让人欢喜的是，在口子上就第一次见到罗教授发表的新种，叉蕨（*Tectaria kehdingiana*）。这种具二型叶的美丽的叉蕨，叶不分裂，很特别。实际上，这个种在此公园很常见。走了一段，我们往左边的林子里走，发现两种双盖蕨和一种网藤蕨，附生在地上和树上，但没见其孢子叶。与大家一起看完网藤蕨，我往林子里走。我看见了一棵小树上围了一圈单叶。走近看，是一种附生蕨类，但没有囊群。我叫大家过去，大家开始判断它是什么科、什么属的蕨类。它有长横走的根茎，单叶，分离脉，叶全缘，根茎维管束三条，叶顶长芽胞，可长根和小植株。大家意见高度不一：Nai认为是铁角蕨科铁角蕨属的植物，良认为是鳞毛蕨科网藤蕨属的东西，我认为是蹄盖蕨科双盖蕨属的一种，而罗教授和新茂没有发表意见。五大蕨类高手竟然不知道眼前这个蕨类是哪一个科的，这种情况从未发生过！当然，难就难在它没有囊群——蕨类植物的重要分类特征。大家纷纷猜测，这可能是个新的属。良提议，如果是新属，我们就命名为丽兵蕨属（*Libingia*）。Nai甚至半开玩笑地说，是丽兵蕨科的成员。之后，我们分头在四周找。又找到了一株，还是没有囊群。

往前走。我穿进右边的林子。不远处有一个极大的岩石群，长着一些蕨类。我顺着岩石群转了好大一圈，采到了瘤蕨、铁线蕨、叉蕨、车前蕨、剑蕨等。这一圈转下来，类似爬了一座山，足有半小时，我掉队了。在山顶上我喊叫时，良还在远处答应着我。我回到路上，再吼叫时，没有回音了。良走得那么快吗？其他人都是离我更远，我敢肯定他们往前走了。我一路喊，还是没回音。我不怕，但心里还是有点犯嘀咕。又小跑了约5分钟，一路嘶吼，还是没回音。我奇怪良怎么跑这么快。他一般会沿路看得很仔细，因而经常采到我们没见到的标本。今天难道有什么事情？我加速小跑，保持嘶吼。终于约10分钟后，听到了良的回音！

良和新茂在一起。他们看见了一种藤蕨，其身体的一半是一回羽状，羽片大；另一半是二回羽状，羽片很细。这很像我们2014年在越南采的一个种。

来到一条河边，吃了午饭。赶走蚂蟥后，我们继续前行。我的手套丢了。在采一种乌毛蕨时，右手无名指被割了一条深口子。碰到罗教授、Nai和小晏返程。

来到Krung Ching瀑布，这是我见过的最壮观的瀑布，水量充沛，落差奇大。陡峭的岩壁上有好多蕨类植物。新茂和我都后悔没有早点过来，因为返程时间快到了。良还在我们后面。在岩壁上又花了近半个小时，采到了卷柏、铁角蕨、膜叶铁角蕨、铁线蕨、叉蕨等。良来了，向导Chai也来了，他要我们迅速往回走，因为天色不早了，出去还得走2公里。

一路小跑。很快追上了罗教授他们。良、新茂和我都全身被汗水浸透。16：30回到公园门口，合影后往卡农（Khanom）赶。路上在两个地方停留，采鹿角蕨和长叶石韦。住卡农的Talkoo Beach Resort度假村。

这是最成功的一天，采了80号标本，包括两个新种和几十种以前没采到的种类。

压标本至凌晨2：45，喝4听象啤和豹啤，3：00睡去。

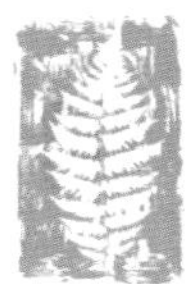

2018-12-29

卡农—曼谷

7：30出发，回曼谷。路上，快中午时分，顺道去了一片森林，大家走散了。之后来到了一条大河边，我吃了两个包子和一个蒲桃，新茂吃了一盒饭和一个蒲桃。

午饭后，我发觉左脚踝关节处痒痛。脱下雨靴才发现一条蚂蟥在贪婪地隔着袜子吸我的血，已变得肥胖如桶了。“大胆妖怪！”我一声吆喝，举起我手中的“金箍棒”，瞄准了它的“太阳穴”，砸了下去。蚂蟥顿觉眼前一黑，应声从我脚上掉了下来，“砰”的一声，砸在地上。司机过来，将它五花大绑，抬到林子里扔了，取得了第一阶段扫蟥打黑的胜利。正在欢喜中，我将左鞋脱下，将衣服捞起，才发现我身上还有其他3只蟥儿在欢乐地吸吮着我的血。遂将它们一一拿下。新茂也在脚上、腿部发现4条蚂蟥、7个被咬的伤口。随着深入调查，蚂蟥们的“倒行逆施”在其他人身上也被“揭穿”。罗教授脚上养了一个最大最胖的蟥儿，吸吮了几倍于自己体重的血液，几乎都要自爆了。

植物学家被蚂蟥叮咬不是罕见的事。我本人几乎每年都被咬。最恐怖的一次是2014年在越南中部，身上一次叮着几十条蚂蟥。最痛苦的一次是2006年夏天在滇东北绥江。那次，两个老美、何老板和我都被咬。我被咬的其中一个伤口，12年后的今天还常奇痒难耐，我估计这种感觉会伴我余生。还有一次，也是在越南中部，右脚被咬后整个脚肿起来，雨鞋都穿不进去，只能休息两天。另外一次在越南手指被咬后，血流不止，想各种办法也止不住血流，直到两小时后，蚂蟥的溶血酶斗不过我血小板，才止住血。

晚上整理标本时，Nai发现身上有一只蜱虫。其实，蜱虫比蚂蟥更加危险。蜱虫的叮咬常会引起疾病的传染，特别是脑膜脑炎的传播。几年前，高老师认识的成都的一个做生物研究的朋友，就因为在西藏墨脱出野外时，被蜱虫叮咬后感染了脑膜脑炎，半年之后不治而去世。因此，宁可被数只蚂蟥叮咬，也不愿被一只蜱虫骚扰。

一不小心，右手上同时被4条蚂蟥叮咬。

如果说蚂蟥、蜱虫的威胁还不算严重的话，毒蛇对从事野外作业的生物学家的威胁是防不胜防。一旦被毒蛇咬伤，几乎无救，因为必须立即注射一种蛋白质，以干扰蛇毒的虐行；但这种蛋白质必须低温保存，这在大部分野外作业地区都没法做到，更别说这种蛋白质一般只有比较高级的医院才有。20世纪90年代，加州科学院的美国科学院院士Slowinsky就是在印尼出野外时，被毒蛇咬伤而亡。我们这次泰国行，野外就碰到过5条毒蛇。还好，我们都躲过了。

毒蛇是野外工作的巨大威胁：我们遇到的美丽而剧毒的坡普竹叶青（*Trimeresurus popeiorum*）与西南铁角蕨（*Asplenium aethiopicum*）同框。

有时候，在野外林子里，还会因不小心碰到什么毒植物而中毒。这次在泰国我就差点碰上一种豆科黎豆属（*Mucuna*）植物的果。据罗教授说，这种果实有剧毒。2013年时，良就因碰到了不知名的植物而全身长满红斑，奇痒难耐了近半个月。

我身上的7处被不明物叮咬处还是不见好转，依然痒痛不止，尽管我这段时间一直都在敷抹小晏从中国带来的可的松。

19：00多在加油站休息时，我忍不住问罗教授，我这些红斑是怎么回事。她跟Nai一致认为，是被蜱虫叮咬的。她问多久了，我说大约20天前。她说，这痛痒还会继续1个月左右。1个月我倒可以忍受，但愿没有被蜱虫传染什么病。

当上了植物学家，爱上了植物学，你就没了退路，无论多艰险，你得走下去。

2019-07-02

清迈湄沙瀑布国家公园

7：30起床，才发现罗教授说要8：30才到中央宾馆。8：00下去吃早餐。自助早餐很丰富，但良和我都吃得不多。在泰国做野外，我们从不担心会饿着，我们泰国同行从不忽视一日三餐。

8：30罗教授他们准时到达，依然是皮贝的11座小巴。我们惊讶地发现，Puttamon和Nai也和我们同行。他们俩去年就参加了我们的大部分考察。9：40加油站停下，泰国同行们要吃正式的早餐。12：00又停下，正式午餐。

快17：00到达清迈的湄沙瀑布（Mae Wa Waterfall）国家公园。公园里没有一位游客，门口有几位管理人员。刚下过雨，气候凉爽。我们沿着小路走了约40分钟，在竹林下采到2种铁线蕨—*Adiantum philippense*和*Adiantum caudatum*，1种斛蕨*Drynaria bonii*，1种鹿角蕨*Platycerium wallichianum*，1种安蕨*Anisocarpium cumingianum*，2种石韦——*Pyrrosia stigmosa*和*Pyrrosia* sp.（未定名），1种凤尾蕨*Pteris venusta*，还有1种卷柏*Selaginella ostenfeldii*。最后一种，以前都没采过。

18：00离开公园。20：00到达南邦（Lampang）。在街边吃饭。晚饭7个菜：柠檬叶猫鱼、回瓜尖、酥肉酸菜、匙羹藤（夹竹桃科的*Gymnema inodorum*）炒蛋（第一次品尝）、蛋块烧鱿鱼、酸菜和炸鱼。这些都是泰北风味的菜肴，非常美味，尤其是柠檬叶猫鱼，是用无刺猫鱼块加柠檬叶、绿胡椒和一种小茄子Turkey berries （*Solanum torvum*）一起烹饪而成。这些菜中除了酸菜据说是中国菜肴，其他的6种我们以前都没品尝过。泰国不大，竟有如此多样的美食！

饭后买了大听490毫升的大米啤酒和柠檬啤酒。压完标本，良和我喝掉它们。遂睡去！

湄沙瀑布（Mae Wa Waterfall）国家公园。

一种鹿角蕨（*Platycerium* sp.）。

2019-07-03

坤丹山国家公园

Lampang Vantage这家旅馆不错，不在城里，环境很好。据良说网上评了4分以上。罗教授他们7：00就下去吃早餐了。良和我7：30左右才下去，我们直接将行李整理好，带了下去。早餐餐厅在旅馆左边的一个平房里。说是平房，其实还不如说是一个棚子，因为房子的三面没有墙。坐在里面用餐，微风从三面轻轻拂过，甚是惬意！我和良都只吃了点炒米饭，喝了一些菊花茶，茶有些太甜。

8：00向坤丹山国家公园（Doi Khun Tan National Park）进发。在海拔约400米处的路边停下，采到鹿角蕨（*Platycerium wallichii*）、卷柏（*Selaginella repanda*）和粉背蕨（*Aleuritopteris argentea*）。这个鹿角蕨长在石头上，很漂亮。再往上，到了海拔800多米的公园口，罗教授跟管理人员聊了几句。我们往上爬。罗教授告诉我，上山的小路是二战时修的。

坤丹山国家公园的针阔叶混交林相对密集。似乎几个月前还很干燥，雨季来后，蕨类植物突然快速冒出。我们来的时候还早了些，大多数蕨类植物都没有长孢子囊群。这里的种类不算丰富。我们上行的速度很慢，我们的泰国同行经常被路边所见的美丽的有花植物所吸引而驻足、摄影。从海拔850米至1 000米，花去约3个小时。后来，良和我不理他们，往上冲。上面的种类还真不一样，我们采到了罕见的瓶尔小草（*Ophioglossum petiolatum*）、条蕨（*Oleandra wallichiana*）、节肢蕨（*Arthromeris*）、假瘤蕨（*Selliguea*）等。再往上，我到了海拔1 300米，已经16：00了，采到了蕨（*Pteridium aquilinum*）、芒萁（*Dicranopteris*）。发现假鳞毛蕨（*Kuniwatskia cuspidata*）有两种颜色的叶柄和叶轴，非常有趣。18：00回到泊车的地方。

快20：00到清迈。在街边罗教授买了3公斤楝科的水果榔色果。饭前，良和我吃了1公斤，饭后，我们可能又吃了半公斤。我一个人可能吃了1公斤。晚餐7个菜：泰国的国汤冬阴功、百里香炒肉末、油菜烧脆皮肉、木瓜烧肉末鱼块、豆腐排骨汤、皮蛋肉末百里香和炸全鱼。最喜欢冬阴功汤，很辣、很鲜、很过瘾！油菜烧脆皮肉是我第二爱。良和我喝了大象牌啤酒。

21：13开始压标本，凌晨1：00结束！今天步行11公里，采集30多号标本。还算不错。

有柄瓶尔小草（*Ophioglossum petiolatum*）。

一种榕树（*Ficus* sp.），果实长在树干上。

2019-07-04

梦她潭瀑布—裴山

7：00过一点就起床了，收拾好，7：35下楼。罗教授说我们可以在房间烤标本。我赶紧上楼，告诉良。于是，我们将昨晚烘的标本取出，换上未烘的昨天采的部分标本。良总是细心检查每一份标本，看是否已干。许多标本的肉质根茎不易干，而湿的标本放在标本馆会长霉。野外工作的每一步都很烦琐，容不得半点马虎。

下楼见到Kong，他今天加入我们。他是清迈大学五年级的博士生，做民族植物学研究，在朱拉隆功大学获硕士学位，曾做蕨类研究，英语很好。他说我们植物园做民族植物学的同事Jan Salick两个月前曾来过他们大学。

8：00多去外面吃早餐。早餐是米饭加炸鸡或煮鸡，和烤肉串蘸花生酱，我和良还要了冰摩卡。养殖业在泰国高度发达。中国改革开放的第一个中外合资企业，就是跟泰国华人企业合作的正大集团。当年央视的正大剧场和翁美玲唱的《爱是love》的主题歌，像我这样的年纪的人印象深刻。

早餐后，去7-11买了驱蚊药等东西。9：40到梦她潭（Montha Tan）瀑布。Montha意思是木兰，跟中文的发音很接近；Tan即潭，也跟中文一致。泰语跟中文有千丝万缕的联系，但印度文化的影响在泰国更加普遍，无论从宗教、饮食，还是习俗、思维方面，印度的印记随处可见。

进入公园，见一日本人鬼鬼祟祟，往裤包里偷偷地塞东西，好像是什么生物标本。我想开个玩笑，大步走上去，厉声问道："你在采集什么生物标本？你有采集许可吗？"他吓了一跳，脸色大变，肯定以为我是公园管理人员。"我……没采标本！我……只是旅游。"他结结巴巴。罗教授在离他约20米处，忍不住笑出声来。他哪里知道，我根本就不是泰国人，更不是公园管理人员。

11：30就结束了梦她潭瀑布的考察，12：00回到清迈。午饭我要了标有一个辣椒（菜单上辣椒的数量表示菜的辣度）的木瓜沙拉，他们都要了鸡蛋炒米饭。罗教授又为我和大家要了炸鸡块，再来杯冰百事可乐。

转战裴山（Doi Bui）。刚进山口，又遇见了前面那个日本人。他见到我，满脸尴尬，让我心感内疚。看得出，他也是一位生物学家。作为生物学家，我们不断地探索着自然界的奥秘，需要不断地从世界各地采集样品。想到此，我突然对前面那位日本生物学家肃然起敬，对我前面的恶作剧倍感不安！

在裴山，我们采到了好几种以前没采到的蕨类，比如鳞毛蕨（*Dryopteris* sp.）、大膜盖蕨（*Leucostegia immersa*）、瓦韦（*Lepisorus*）、星蕨（*Microsorum*）、铁角蕨（*Asplenium*）、剑蕨（*Loxogramme*）、鳞盖蕨（*Microlepia*）、友水龙骨（*Polypodiodes*）等。上到山顶海拔1 686米的地方。我们分头往山下走。Kong和皮北原路返回，其余人选了新路，我和良在先。

16：30下到露营的地方，皮北将车已经开过来等我们了。因为罗教授他们还在后面，良和我便又在附近走了一会儿，直到大伙乘车在大路上接着我们。

梦她潭（Montha Tan）瀑布。

一种鸟巢蕨（*Asplenium* sp.）。

大膜盖蕨（*Leucostegia immersa*）。

蚂蚁炒鸡蛋是最惊艳的一道菜，里面真有不少蚂蚁。

又去清迈大学取了些好的瓦楞纸。

18：00到清迈城里一家饭店。饭店布置优雅，环境很好，很有品位。晚餐丰盛，有15样菜，典型的泰北风格。最惊艳的是蚂蚁炒鸡蛋，里面真能见到不少蚂蚁。良不敢吃，只稍微尝了一小点。这道菜略带酸味，据说来自蚂蚁，有意思！用大蒜、洋葱、柠檬叶等腌制的猪皮也很特别。烤熟的香蕉叶包肉末、鸡蛋、香茅等，令人食欲大开！还有，酸菜肉汤，味道极其鲜美！炸猪肉带皮，香脆可口。清迈咖喱，是地方特色。喝点大象牌啤酒，画龙点睛。最后，再上点糯米饭，将晚餐推向极致！1 100泰铢，约合人民币200多元。不错！

去7-11买了德式啤酒Federbraeu。压标本至23：30，喝掉啤酒。好日子！

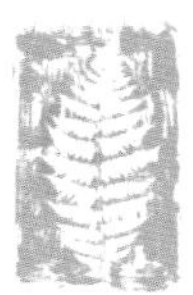

2019-07-05

清迈皇后植物园

离开旅馆后，去了罗教授熟悉的著名的早餐饭馆。墙上挂满了许多以前就餐者的照片，可能包括一些著名的人物。良和我要了带鱼肉的汤饭，罗教授要了鸡肉饭，Dong要了稀饭，其余3人要了内脏汤和米饭。泰国大多数人喜欢吃血旺和动物内脏，像很多中国人。配菜有炸饺、烧麦似的虾饺和油条醮攀打叶汁酱。

早餐后，去后面的市场买水果和香肠，准备明天上山的食物。明天要上清道山，会在山上住几天帐篷，过几天没旅馆、没饭店、没厕所、没淋浴、没网络的原始生活。

市场的东西非常丰富、便宜。我们买了榴梿、红毛丹、山竹、香蕉、芒果糯米饭、攀打叶鸡蛋糯米饭、香肠和炸竹虫。竹虫是鳞翅目螟蛾科禾草螟属笋蠹螟的幼虫。竹虫呈白色，形状似虫草，是竹林的一大害虫。但竹虫富含高蛋白、氨基酸，是泰国的一大美食。

10：00多到达清迈的皇后植物园（Queen Sirikit Botanical Garden）。这是泰国最大的植物园，占地1 000多公顷，有300多号员工，其标本馆藏20多万份标本，列泰国第二。见到植物园主任Piyakaset博士，他从丹麦阿厚斯（Aarhus）大学取得博士学位，在丹麦阿厚斯认识我以前的博士后导师之一Susanne Renner。去年我们在安康山侥幸碰到他，他带我们轻易找到了我们要采的新种耳蕨。

按罗教授的安排，先去他们的标本馆看标本。我觉得有点耽误时间，跟密苏里植物园标本馆的700万份标本比，我不觉得这里能给我什么惊喜。标本馆管理得很好，非常干净，进馆得换他们的拖鞋，馆内温度可能在20℃左右。先看我的最爱，耳蕨属。去年Piyakaset寄给我三张耳蕨标本的扫描图片，今天我看见了那三张标本，进一步证实有两个新种。要想不大喜，很难！

再看瓶尔小草，有一个*Ophioglossum costatum*的标本看似很不一样。他们只有5份对囊蕨标本，都采自北方。也浏览了一下鳞毛蕨、七指蕨、贯众的标本。良和Nai在仔细研究凤尾蕨的材料，罗教授好像在看碎米蕨。

12：00我们出标本馆，约上Piyakaset去园里饭店吃午饭。大家都要炒米粉。主食上来之前，先品尝芒果糯米饭、攀打叶鸡蛋糯米饭。好美味哦！植物园主任Piyakaset坚持为大家付饭钱，算是请大家吃饭。

饭后，他带大家去看他们收集和栽培的蕨类。我们一开始不抱任何希望，但结果却令我们惊喜：我们在园内发现了两个耳蕨新种、两个比较怪的星蕨、两个比较特别的叉蕨，还有两个不一般的薄唇蕨。良和我惊呼，看来我们对泰国的蕨类还有很多未知之处！

在清迈又见到去年的老朋友，华人阿婆。

17：00多到清道，入住一个度假村。每一个房间都是一个小别墅带客厅、前厅，很特别。每间700泰铢。回到城里，又到去年12月在清道的同一家华人饭店吃饭。我问我妻子是否记得去年给我们做早餐的80多岁的华人老太太，她说当然记得，还问老人家是否健在。我们刚吃完晚饭，站起，回过身去，正好见到那老人家。我们把去年照的照片给她看，老人很感动，说是记得我。遂跟她合影留念。她要我们明天再去她店里，她再给我们做椰奶糯米糕。祝她健康长寿！

今晚只压10号标本，数量不多，但新种率最高。压完标本，良和我喝去三大听日本和泰国啤酒，吃去半袋炸竹虫和一袋鱼皮花生！

当地的美食——炸竹虫。

2019-07-06

清道帕当国家公园

7：13 Nai敲我们的门，我们又睡过了，赶紧起来。早餐在曙光度假村（Aurora Resort）吃。我和罗教授要了美式早餐，良和皮贝要了泰式米粥。先给上了两片烤好的酥脆吐司、黄油和草莓酱，我们吃掉。我以为这就是美式早餐的全部，结果又上了一大盘沙拉加火龙果。吓一大跳！看来，中午时我不需要午饭了。

20多公里之外就是清道的帕当国家公园（Pha Daeng National Park）的Ri Sang Wan瀑布。这里蕨类种类不多，只采到几个毛蕨，还有1个石韦、1个针毛蕨、1个卷柏等。良采到了1种不寻常的水龙骨。

这里离Pong Arng温泉很近。两个温泉、一个冷泉，相隔不足两米，此处没有什么蕨类可采。

再去一个朝圣的庙Wat Tham Pha Plong Temple，有些外国游客。上山的阶梯两旁有很多佛教谚语，很精彩。良和我没有上到山上的庙，而是选择了右边的取水管山沟往上爬。生境还不错，在下面采到了好几种以前没采到的蕨类，包括两种芽蕨、一种凤尾蕨、两种叉蕨等。我们一直往上爬，我希望走出丛林，找到大片的开放的岩壁，最好是石灰岩壁。岩壁下或上往往有奇特的蕨类。我们爬呀爬，穿过密林，可还是密林。罗教授要我们13：00前回到泊车的地方，可时间到了，我们还在密林中穿行。13：10左右，良发现手机有信号了，赶紧跟罗教授打电话，可她没接。还好，她很快回了电话。良告诉她，不要等我们吃午饭，我们带来些吃的，还会在林子里走一会儿，叫她不用担心。

挂掉电话，良告诉我，其实他包里根本就没有吃的，我说没事的。我们继续往上爬。很奇怪，这一路，没什么蕨类可采。或许上面情况就不一样了吧？

继续。我隐约看到了远处的垂直的岩壁。好，那是我们想去的地方，我们继续走。还是没有东西可采，岩壁也没有出现。

13：40了，我开始怀疑我们是不是能走出丛林找到岩壁，但不敢告诉良。我们继续往前，也许希望就在眼前。

来到一个分岔口，我选择了左边的沟，往前走，良跟着我。我有些按捺不住了，试探性地问良："你觉得我们是否该继续往前？"没想到，良毫不犹豫地回答："我觉得走出丛林找到岩壁的机会渺茫！""那怎么办？"我说，"我上去绕过那个弯，再看一看。"我上去，绕过那个弯，还是没有柳暗花明。我们终于同意放弃。

回到泊车的地方，已经快15：00。我最想做的事，是喝一瓶冰镇的可口可乐！

上车，去了清道洞（Chiang Dao Cave）。吃榴梿冰淇淋，喝可口可乐！没什么标本。最后去清道县（Chiang Dao district）的Nongkratae村，采了1种鳞毛蕨和三型卷柏。

17：30回到清道，购物。在昨天同一家饭店吃饭：炒鸡蛋、酸菜肘子、冬阴鱼、空心菜、豹牌啤酒。

22：00完成20号标本压制，跟良喝去4听啤酒。

火炬姜（瓷玫瑰、菲律宾蜡花；*Etlingera elatior*），是姜科多年生常绿草本植物，原产于非洲、南美洲、东南亚等热带地区。

一种附生在树干上的石韦（*Pyrrosia* sp.）。

2019-07-07

清道山

6：30起床，翻看昨晚烘烤的标本，收拾东西。自助早餐还不错。

8：00开始购物：在街边买炸鸡、白糯米饭，买椰奶糯米饭甜点，到7-11买36升水，到市场买烤鱼，到饭店买姜黄鸡汤。

9：00出发上山，12分钟就到达了保护区管理处。

换上四驱铃木皮卡车，9：30出发，又回到清道，从另一条路进山。

Nai、良和我坐在敞篷车厢里，皮贝和罗教授还有另一个不认识的人坐驾驶室。车在城里开得很快，车厢里风太大，我和良都只好蹲下。开始上山了，从海拔400多米开始，车颠簸得厉害。坐在木凳上，屁股抖得疼，有时只好站起来。

10：00左右，上到海拔888米，我们停在玉兰径（Magnolia Path）附近，采了一会儿标本。采到了假蹄盖蕨、薄唇蕨等。

上车，继续上爬。上到了海拔1 300米左右，又下到海拔1 230米。然后，是上一个长坡。四驱皮卡车歇了三口气才上到坡顶海拔1 450米。往下开20米，11：30就到了我今晚的营地。这个营地有3栋平房，有一栋留给我们住今晚。

12：00吃中午饭，糯米饭竟然还是热的，因为放在保温桶里。泰北风格的炸鸡味道不错，甜点是椰汁糕夹类似豆沙的东西。

吃过午饭，向山上进发，在附近采一下标本，明天就可以直接往山上冲。走了一个小时左右，发现这里主要是酸性土壤，蕨类不多。采到一种条蕨和碎米蕨还算不错。来到一个放养野鸡、铁栅栏围起来的地方。罗教授要我们沿着栅栏左边往上爬，因为上边有石灰岩山。

果然来到一座石灰岩山下，蕨类植物顿时就冒了出来。荫地蕨、安蕨、水龙骨、肿足蕨、槲蕨、大膜盖蕨、瓦韦、石韦、假瘤蕨等粉墨登场，良和我心中大喜！

穿越这片陡峭的石灰岩悬崖，禾草占据主导，蕨类退出，除了禾草去不了的树干上。良和我在前面走，想爬到山顶下那一片石灰岩峭壁。下起一阵雨，禾草全湿了，走在1米左右高的禾草丛里，裤子打湿了不少。还好，阵雨很快停下来了。继续往上爬，穿过一小片树林。好像要到山顶下面绝非易事，因为没有路，距离也不近。我们决定放弃。

往下走，碰到罗教授他们上来。罗教授手里拿着一个小口袋，告诉我，她采到了一个很小的瓶尔小草。我凑过去，哇哇，这个瓶尔小草高不足3厘米，顶端只有3个孢子囊。这显然是个特别的种。

罗教授带我们去看她找到这个种的地方。真不可思议，周围都是高禾草，罗教授是怎样发现的这么小的3株瓶尔小草？她说她是在找苔藓。罗教授在野外总有惊人的表现！佩服！

罗教授又带我去看了她采的一个很小的肿足蕨的生境。这个蕨跟一般的肿足可能真的不同，前者的个体小、毛被要长得多。到时候雪萍会告诉我们它的身份。雪萍是肿足蕨的专家！

下山，往回走。半道，下起了大雨。上身有儿子送的生日礼物，防水衣，可牛仔裤到营地时湿了一半。幸亏良多带了长裤，否则今晚会太冷。营地海拔1 430米，气温可能只有10℃多点儿。

回到营地，见到了泰南王子大学的Sahut教授及学生EM。他俩曾经去密苏里植物园何思教授实验室访问，他跟我一见如故。在这山上见到他，自然高兴，我们将在下面的4天里一起登顶清道山，一起植物考察，一起在山顶住帐篷。过些时间，我们还将去南部，跟他一起考察泰南蕨类植物。

今天一不留神采了30号标本，或许有两个新种。

简单弄完标本后，18：00开晚饭。最令良和我惊讶的是，Sahut竟然带了啤酒和冰桶上山，本以为今天会是到泰国以来第一个断酒日！我和良各喝了两听大象牌啤酒。

清道山上的一号营地。

从清道山一号营地俯瞰。

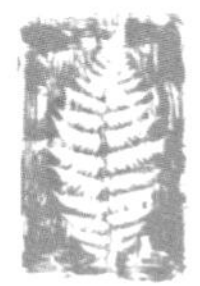

2019-07-08

清道山

昨晚山上比较冷，良为我准备的睡袋还挺暖和，23：00睡去，一觉就睡到了6：00。这时，大家都陆续起床。我的牛仔裤还没干，但我必须得穿它，今天肯定还要弄湿裤子——昨天大雨之后到处是湿的。良借我的裤子必须得留到晚上穿着睡觉，今晚住2 000米的山顶，会更冷。

我们队伍一共5人，再加Sahut和学生，还有清迈大学做苔藓的Came，共8人。我们雇这个营地的5个工作人员，帮我们背东西上山。一行13人，9：00过一点浩浩荡荡向山顶进发。

山路缓慢上行，时上时下，从海拔1 030米上到1 500米。竹林和阔叶混交林下有一片岩石群，我们停下来搜索蕨类，采到一种铁角蕨。

我将我包里的鸡蛋和士力架吃掉，也喝掉一些水，以期减轻负重。良笑我，说那点重量算不得什么。我说，轻一点算一点。

继续往上爬，这会儿路开始陡起来。开始下雨，还挺大。我把防水服取出来穿上。小路两旁的高草上都是露水或雨水，裤子前面都湿了。

11：50到了海拔1 550米的地方，有几棵树，皮贝在那里等我们。罗教授到了，问我是不是在那儿吃午饭。天下着雨，那稀稀拉拉的几棵树遮不住雨，在雨中吃饭总不舒服吧！我问下一个有更多树的地方有多远。Sahut说，大约要走45分钟至1小时。我们决定去下一个地方吃。

12：40分到了一个小坪，海拔1 600米，密集的树木遮住了雨水，午饭就在这里吃。罗教授脱掉她的雨靴，倒出了不少水。大家看着，都乐了。过一会儿，良脱去鞋袜，从袜子上拧出了不少水。我似乎感觉我的袜子和脚是干的，从美国带回来的雨靴起了很大的作用。午饭是糯米饭加炸鸡，外加一个鸡蛋和一个士力架，只有我已经提前吃掉了分给我的鸡蛋和士力架。

准备出发。考察队里最小的队员Nai背上包、套上雨衣，却又想去上厕所，便背着包，走到离我们约10米远的地方解决问题，却不慎失去平衡而仰躺在地上。由于身负大包，他自己起不来，只好用泰语呼唤帮助。罗教授听罢，笑着说："可能兔子太大了！"（泰国人诙谐地描述男士在林子里小便叫"shooting a rabbit"——射兔子）大家齐声笑起来。

皮贝跟我们分别，他回营地去了，并带走我们已经采集的几号标本。罗教授打前阵，过一会，她让位给我。不出半小时，良和我已经把余下的人远远抛在身后。我们很快上到了海拔1 800米，停下，在周围侦察了一会儿。周围都是火烧过的痕迹，石灰岩山堆之间都是肥沃的火烧后的土壤，没有什么特别的蕨类。

我们上到了海拔1 900米，歇了几分钟。再往上，看到约50米之外有几株很高的蕨类。良说可能是介蕨。我下去，才发现是双盖蕨，发育得很好，可能是拜火灾后的肥沃土壤所赐。

再坚持一下，转过一个小弯，良看见了一座简易的房子，很快也看到了为我们背东西的3名营地的工作人员。我们意识到，我们的目的地到了。我们又看到了3个帐篷，那是为我们准备的。

6个小时，负重20斤，上山垂直距离560米，行军8.5公里，共13 670步，我们终于在15：00，到达泰国的第三高峰、北部的清道山上海拔1 980米的地方。

在露营的附近见到很多蓼科的蓼和鸭跖草科的鸭跖草。后者是我们小时候割猪草时最喜欢的猪草之一，我们叫它螺丝菜，因为叶子长得像。既然猪都可以吃，肯定没毒。我摘上一棵嫩尖，扔嘴里嚼了几下，清香略甜。我灵机一动，采了一大把鸭跖草的嫩尖，晚上做个沙拉如何？我们这几天在山上不缺维生素了。

Sahut主厨晚餐：冬阴盖（鸡）味道鲜美，是用鸡肉代替了冬阴功中的虾；西蓝花炒肉末也好吃；海吊（炒鸡蛋）总是味美；炸小鱼很特别。最让良和我惊奇的是，Sahut从泰南带来了龙眼泡酒。在这高山之巅，这该算完美晚餐吧！

考察队准备向清道山顶峰进发。

考察队在清道山顶峰搭起了帐篷。

2019-07-09

清道山

我们的帐篷在一个斜坡上，没有垫子，睡袋直接铺在两层塑料布上，“床上”太硬，地上湿冷，气温很低。要想在这样的条件下睡个好觉，那是奢望。我先头在上坡睡了一阵，又将头调向下坡继续睡，躺到快8：00，别人早就起床了。最不情愿做又不得不做的事就是——得穿上湿裤子和湿袜子。这在冰冷的气温下，尤其艰难。

Sahut在7：00就开始做饭。早餐很丰盛：炸小河鱼、肉末丝瓜、黄瓜、西红柿土豆鸡肉汤、海带，良和我感叹，泰国人对吃饭一点儿都不马虎，即使在这山顶上。

9：00多一点出发上山，一向导带路，另一向导殿后；后面的向导带着步枪，保护我们。又是浩浩荡荡一行。上坡很陡，小路雨后很滑。不久，便看见一种开白花的天南星科植物，佛焰苞叠起来盖住花序的开口，佛焰苞生出的一条长须在风中飘逸，很美。

在海拔2 100米左右，我们采到一种碎米蕨，它叶背布满了淡黄色的粉状物。还有星蕨、阴地蕨和铁角蕨。再往上见到一种正在怒放的报春花。报春花的花期一般都不长，我们来的时候正好赶上。估计见过这种报春开花的人不多，因为这时候是清道山不向游人开放的时节。紫色的花瓣从灰色的石灰岩缝里伸出，背景是悬崖和白雾，美极了！

到达海拔2 225米的顶峰了，泰国第三高峰。一边是万丈深渊，一边是大于70°的山坡，山脊的面积不大，风很大。从顶峰向不远处的陡峭悬崖望去，见几棵棕榈树在风中挺立，不由得感叹它们不屈的精神。悬崖边是花期过后的多年生木本凤仙，树干亭亭玉立。雾气时而弥漫整个山坡，时而散去露出石灰岩山坡的真容。

往右侧边的陡坡走了一阵，忽见一丛瓦韦生在一株约2米高的棕榈枯顶，在薄雾背景下，显得超凡脱俗。任何人见了这样的情景，都会赞叹这自然之美！上午采的标本不多，但能领略清道顶峰的美丽景色，超值！

12：30回到露营地。两位向导已经帮我们做了午饭。

14：00出发去另一座山峰。穿越一片森林，来到一片草地，见到大片的有柄瓶尔小草和一种角苔长在一起。在野外从来没有见过这么多的瓶尔小草，今天是个好日子。上山，采到分离耳蕨，这也许是泰国的新分布。在山顶采到一种高山蹄盖蕨，据罗教授说，是泰国新发现的分布。

16：00往回走。下到山底，下起了大雨，我们的裤子和袜子湿透。回到营地，良和我将标本压在报纸里。

又是Sahut做饭。19：00开饭：鸡蛋咖喱、黄咖喱、瓜+带皮肉汤、海吊、油菜炒肉。良吃不惯含发酵虾酱的泰南风格的黄咖喱，臭香味，很辣。饭间我还穿着湿裤子和湿袜子，因为得把干裤子和干袜子留在晚上睡觉时用。感觉好冷。下起了大雨，我们吃饭的“饭厅”有些漏雨。良、Sahut和我将剩下的龙眼泡酒喝光。

清道山顶的报春花（*Primula* sp.）。

清道山顶棕榈树干的瓦韦（*Lepisorus* sp.）。

2019-07-10

清道山

昨晚良将他的薄毯子给我放在睡袋里，感觉暖和多了，也睡得更好，虽然不断醒来，也常有梦境萦绕，睡不踏实。昨天罗教授他们改变了计划，今天不在山顶待了，而是下至海拔1 430米的营地，我和良都非常高兴。原来计划的山上3天的由5人次背上来的食物消费不完，又得雇人带一部分下山。

9：00左右吃完早餐。早餐前，先每人分发了午饭，是米饭加香肠。

10：50左右正式出发下山。我们将标本塞入我的大防水背包，将我的一些衣服塞进良的背包。负重20斤左右，今天又是8.5公里的山路到营地。良和我一马当先。

这次我将裤腿放在雨鞋之外，以免露水、雨水直接流入鞋子。今天露水不大，估计是我们雇的早上上来的营地工作人员将大部分露水打掉了。经良提醒，我在海拔1 600米处那个三天前吃午饭的地方停下来，采到一个巢蕨属的东西。它长在绝壁，够不着。我折了一根树枝，试图将它钩下来，但树枝太软。后来良到了，我爬上绝壁，勉强够着了。成功！也采了一种石韦。我们在附近转了转，发现那个巢蕨在低处也有。

跑得太快，我雨靴的顶部划破了小腿的一圈皮肤，感觉好疼。我赶紧将袜子提起，以保护小腿不被雨靴磨坏。半截裤子已湿透。

我们在海拔1 500米左右的地方停下稍作休息。见到一种开白花的茜草科植物，很美，据说该植物以罗教授朱拉隆功大学的一位同事的名字命名。这是做植物学研究的“好处”之一：发现新种后，可以自己命名新种，而且自己的名字会作为命名人永远地跟这个植物学名连在一起；偶尔还会有别的植物学家用你的名字来命名新种、甚至新属。我们今年就以何老板的名字命名了一种复叶耳蕨：何海复叶耳蕨*Arachniodes hehaii*。我本人的名字也有幸被一凡和Matthias用来命名一种耳蕨：丽兵耳蕨*Polystichum libingii*。

4个小时的一路小跑后，约14：45，良和我便下到了海拔1 430米的营地。第一个见到皮贝，他说我们很强壮。我们看见接我们的四驱五十铃车到了。我问皮贝我们是否今天下山，他说是。我们非常高兴，已经不想住山上了，虽然营地的条件好多了，但还是想下山住城里去——身上、衣服上都有味道了，太想洗个热水澡、换一身干净的衣服、坐在喜欢的饭店里、坐在舒适的凳子上、吃一顿可口的晚餐，外加一瓶冰镇的大象牌啤酒了！

良和我在等别人的同时，在营地周围转了一下，采到一种凤仙花、一种毛蕨、一种双盖蕨。良弄丢了他相机的镜头盖。

16：00左右，其他人陆续赶到营地。16：30告别营地，出发下山。Sahut、AM和Came得在营地再待一宿，他们还有任务。沿路在海拔1 400米、1 300米和900米的地方停下，采到2种毛蕨、1种新月蕨、2种叉蕨，还有二尖耳蕨、海金沙、碎米蕨、凤尾蕨、鳞盖蕨、中华实蕨等。

19：00下到海拔460米的清道城里。看见远处的清道山依然被云雾笼罩，想到一天前我们就在那云雾之中攀登，在寒冷中探索，顿觉热血沸腾，骄傲之至！清道山顶峰海拔仅2 225米，可它的峻秀也不亚于中国许多海拔4 000米以上的山峰。

19：15左右到曙光度假村。Nai要一个小时洗澡，我坚持30分钟后去吃饭，因为饭后有好多标本要压制。

20：00到附近一家餐馆吃饭。今晚必须美餐！Kangpa干巴（forest curry，森林咖喱）、莫麻老（momanow）柠檬猪肉，芒果丝加炸鱼、什锦香菇。还有大象啤酒！

饭后是烦琐的标本压制工作。Nai、罗教授、良和我一直工作到凌晨2：40。唉，在山上时，我们有时间睡觉，却没有床垫、被子，只能睡在冰冷的斜坡地上和薄薄的睡袋中；现在我们有舒适的床垫、被子和空调，却没有时间去享受，只能睡3个多小时，早上7：00又要启程。

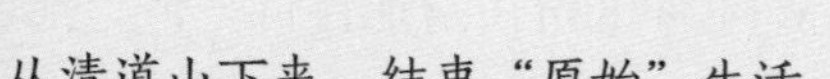

从清道山下来，结束“原始”生活。

一种蹄盖蕨（*Athyrium* sp.）。

2019-07-11

清道—曼谷

7：00过一点儿出发。泰国朋友们不喜欢旅馆的免费早餐，要去外面吃。其实旅馆的美式沙拉非常不错，但我和良也不好反对。饮食是人类文化中最难改变的东西之一。倒好，外面的早餐还不错，可以选两个菜。我要了烧肘子和丝瓜胡萝卜烧鸡蛋。罗教授还点了炸鱼，给大家分享。

一路向南。在彭世洛府（Phitsanulock）停下买香蕉及其制品，其中的鸡蛋蕉很好吃，其皮薄如蛋壳，因而得名。据说，这种香蕉只在这个省才产，看来在泰国很有名。我们还买了炸南瓜片，也不错，只是有一点儿太甜。

一路顺风，12个小时后，于19：00左右到达曼谷的中央宾馆。罗教授照例为我们预定了房间，比正常价优惠500泰铢。我们将满车的行李运进房间9016，发现这个城景房比我们以前住的另一侧的房间要大一些，大喜。我们太需要大一点的房间了，因为有这么多标本需要烘烤、整理、分开，还有几大捆纸板、两个行李箱、几个编织袋。

入住后，良很快烘起了第一锅标本。要烘4锅，得抓紧时间。我问良，晚饭吃啥。他不假思索，立即说，烤鱼。我欣然同意。去年12月在曼谷中央宾馆附近吃的烤鱼，印象太深了，称得上是曼谷第一美味，一定得再去品尝。良把热风机调成低温，锁上门，我们奔烤鱼而去。

没有令我们失望，烤鱼还是那样美味，肉嫩而多汁，再佐以木瓜沙拉（辣），喝上冰镇大象牌啤酒，对这个世界上还能要求什么？

回到宾馆，良才发现，原来热风机并没有调到低温。挺危险，如果我们不在，标本纸板燃起来，后果会很严重。

想着这么大一堆标本得在24小时内烘烤完成，我们很着急，打算用两台热风机——一台热风机用高温，另一台用低温——实在太想早点完成烘烤，以便第二天我们能将迄今采集的240号约1 300份标本分成6份，分别给6个标本馆保存。按去年的经验，我们两个人很难在一天内完成。中间因为电力问题，出了点小故障，幸好宾馆帮我们解决了问题。我跟良来了个“High Five”（击掌庆祝）！

在泰国罕见的分离耳蕨（*Polystichum discretum*）。

在雨中跋涉。

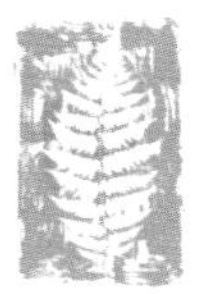

2019-07-12

曼谷

今天的任务是分标本，将已经采到的约1 300份标本的每个号的标本分成6份，分别给昆明植物所、成都生物所、曼谷朱拉隆功大学、密苏里植物园、云南大学和西双版纳植物园。这样，我们采集的标本在世界上3个国家5个城市6个标本馆都能看到。

这不仅是为了方便植物学家的研究，也为了防止如果一个标本馆的标本被毁或管理不善，还有别的标本备份。第二次世界大战期间，德国柏林标本馆被毁于战火后，里面保存的许多珍贵孤份模式标本便永远失去，即是个沉痛的教训。还有去年巴西国家博物馆毁于火灾，也永远失去许多无复份的模式标本。

记得去年在泰国采集的620号约3 500份标本，新茂、良、小晏和我第一天在宽大的朱拉隆功大学实验室花了近11小时，第二天又花了2小时，才分完。今天我们两个人要一天内在狭小的宾馆房间内分1 300份标本，绝非易事。明天一早得启程去南方。

按照以往的经验，得把每一号标本的所有复份先放在一起，再把240号标本排序，最后把每一号标本分成6份。如果某号标本不足6份，则按6个标本馆的优先程度，后面的标本馆便不得该号标本。

我们开始了一阵子，觉得太慢。整天做同一件无趣的事情，也太折磨人了。于是，我提议，不管标本号的顺序，看到什么号，直接把这个号的标本按标本馆的优先顺序分发；如果不足6份，就在电脑上注明；再找到同号其他复份时，就知道往后面的某个标本馆分了。

良同意了我的提议。最终证明，这样做，高效多了。

约3个小时后，我们就将烤干了的标本分完了。接着“新鲜出锅”的标本也被顺利分完。不到15：00，我们已经全部完成任务。真是奇迹！

16：00开始，我们难得睡了一觉。

18：00起来，我发现我们在清迈皇后植物园采的3个耳蕨新种标本，还有奇怪的星蕨、薄唇蕨都不见了，良也没有见到了。我们翻了一下记录，发现那之前的标本都不见了。这事折磨了我们好一阵。后来，我们怀疑是不是丢在车上没拿到宾馆。我赶紧用微信问罗教授，她很快回答，是有两包标本从车上拿到她办公室了。哇哇，心里的石头终于落地！

“晚饭你想吃什么？”良问我。“曼谷刨冰！”我回答。正合良意。曼谷刨冰应该是世界上最好吃的刨冰吧！

昨晚新茂22：00赶到曼谷中央宾馆，正式加入考察队，使我们如蚁添翅——飞蚂蚁！不敢狂称如虎添翼，我们这支队伍没有那么强大，我们只是大

曼谷刨冰。

千世界里最不起眼的一支小蚁队而已。我妻子经常告诫我，说我不管怎么跳，也只是一只小蚂蚁。这话有道理。

不管怎样，新茂来了，我和良都很高兴，野外考察中多了一个帮手，也有人仔细辨认卷柏属的植物了。新茂是卷柏高手。良和我前一天晚上就为欢迎新茂准备了百威啤酒。百威的总部在密苏里圣路易斯，而新茂在那里待过两年半。估计新茂想念圣村（圣路易斯）纯正的百威啤酒了吧？

我们本来打算等新茂来后，作为欢迎仪式的一部分，带他出去吃曼谷烤鱼的。但新茂到后，带来昆明嘉华的新出炉的鲜花饼，大家连吃几个鲜花饼后，不想出去吃烤鱼了。自从去年小晏从昆明嘉华把鲜花饼带到芭提雅，那个酥脆香甜的味道就留在了我的记忆中，忘不了。这次新茂带来的鲜花饼，一样味美。我连吃3个。不出去吃烤鱼也好，省下的时间就可多聊会天。

我们聊到凌晨1：00多。

公路旁的水果、干果摊。

2019-07-13

曼谷—拉廊

6：40就起床了。中央宾馆的早餐还不错，良只吃了一些水果，我和新茂大吃了一顿免费早餐。7：30罗教授、Puttamon和Nai带来了一辆小巴车，司机叫俊波，名字像中国人。9：30停下来，泰国人吃早餐。我们在7-11买了些水。

12：30到Sam Roi Yot的沙拉包店子，停下买了两种包子，一种猪肉菜馅，一种甜馅。据说，这是泰国最好的包子。尝后，确实不错，尤其是肉馅那种，香嫩可口，略带一点甜味。良认为，那种味道跟中国东部的接近。我吃了3个咸的、1个甜的。

中午饭在路边一家餐馆里进行。罗教授问我吃什么，看着竹笋鱼咖喱汤不错，又不想吃米饭，我便要了这个汤和面条。谁知道，罗教授坚持认为，这样不行；并说，没有人这么吃的。但我坚持这么配。罗教授没办法，她自己点了咖喱鱼汤和米饭，给我点了脆猪皮面条，让我尝分开装的鱼汤。我盛了几勺鱼汤到我面条里，所有泰国人都看傻眼了。Puttamon 说，在泰国没有一个人会这样吃。罗教授连问，味道如何。我说，好吃啊。众人惊讶。

16：00多，到拉廊府（Ranong）Krabur 区的Phra Kayang洞。这个山洞及附近的石灰岩地区生境不错，虽然很干。这个海岸红树林湿地里，沿着石灰岩山有一条水泥栈道，旁边有护栏。沿着栈道走，我们可以看到石灰山底部及附近的蕨类植物。

刚过山洞的洞口，岩缝里一种灰色的小蕨类引起大家的注意。我认为是肋毛蕨，但见其根状茎略横走。后来罗教授告诉我们，是一种叉蕨*Tectaria manilensis*。紧挨着，是一种肿足蕨，也长在石缝里，其毛被很短，极有可能是个特别的种类。仅有数株，实在舍不得采集。罗教授说，我可以采。我忍痛采了一株。后来，又在远处看到数株，我顿感欣慰。至少，我的采集不会让这个种灭绝。

又往前走，看到了更多的肿足蕨，我想多采几株，但得通过一片沼泽才能到，也不知道沼泽的泥潭有多深，实在不想把我的雨靴弄得太脏，我们的司机也很不愿车里弄脏。往前走走吧，说不定有更容易采的肿足蕨。再往前，有好多的星蕨（*Microsorum punctatum*），骨碎补（*Davallia*），铁角蕨（*Asplenium incisum*），北京铁角蕨（*Asplenium pekinense*），槲蕨（*Drynaria quercifolia*）等。

采集悬崖上的肿足蕨（*Hypodematium* sp.）。

有一段栈道向石灰山靠得更近。良在那里打前哨。我走过去，采到一种剑蕨*Loxogramme*。栈道沿着山边走了一段，断了，悬在空中。罗教授和新茂也来了。罗教授说，栈道下是去那片肿足蕨生长的地方的最佳路线。我也意识到，错过了这里，离那片肿足蕨就更远了。不能犹豫了，我跳下栈道，小心翼翼地、深一脚、浅一脚在泥泞中跋涉，不知下一步是否会被陷得很深；另外，还得防着红树林里到处都冒出来的气生根。8分钟左右，总算走到了肿足蕨岩壁下，却发现自己根本就够不着肿足蕨。我捡了一段棕榈叶的叶柄，但叶柄太朽了，不能受力。

最后一个办法，我得爬上岩壁。沾了稀泥的鞋底很滑，我的双脚在岩壁上使不了足够大的力，我借助于手和脚的配合，终于站到了上面两个石灰岩突起的地方。我向左侧，伸出左手，用其他三肢来努力平衡身体。我左手够着了一棵肿足蕨，采下它，扔到下面，接着试图去采上面的那棵，但实在够不着，就差一小

拉廊的集市。

点。但我的手和脚实在没劲了，脚下也太滑，不得不下去。

罗教授和新茂在约30米开外的栈道上为我助威。我休息了几秒钟，再上到刚才的位置。这下鞋子更滑了，因为踩在地上时，地下冒出了些水，使鞋底更湿了。我必须尽快上去并采到别的肿足蕨，否则，时间越久，在地上踩得越久，会有越多水冒出来，鞋底将越滑，采到的机会将越小。不行，我得再往上爬一点，还得向左侧移一些。我左手试图抓住一个小突起，但抓不紧，我不能将身体移过去。我右手找到了一个稍稍左边一点的一个石头的角，我抓过去，喔啊，好锋利的角，我的右手有些刺痛的感觉，尽管我戴了手套。顾不得了！我将身体往左上方移动了一些，左手赶紧伸出去。我够着第二棵肿足蕨了，第三棵也勉强够着。我一共采到了三棵，足够了！我慢慢下到地上，兴奋不已！但愿这个肿足蕨是个新种！

向前走，见到Puttamon，却不见良。我去一个洗手间洗雨鞋，但洗手间没有开放。新茂和我去找良。看到好几个长尾小种猴。它们并不怕人。后来良从另一个方向出现。用塑料袋包了我的雨鞋，上车。

19：00左右到达拉廊，这里是泰国的温泉度假胜地。晚饭很丰盛：盖冬卡明（姜黄*Curcuma longa*烧鸡）、野豆（parkia seeds）烧虾、炸螃蟹、干松（椰笋烧鱼）、百里香牛蛙腿，还有买麻藤叶炒鸡蛋。1 200泰铢。

这些菜名和烹饪方法，彰显泰国人的想象力。这些还只是泰餐的九牛一毛。我们品尝的美食还太少，每天都有惊喜！

良和我说，这是欢迎新茂的正式晚宴！Puttamon生病，没跟我们去吃。晚饭吃到一大半，下起了暴雨。我们不得不移到屋檐下，继续就餐。今天在沿途行进中，依然采集了12号标本，算是不错的收获。

2019-07-14

拉廊瀑布国家公园

早餐在一家上过电视的得奖小饭店进行。菜肴品种不多，但个个有特色。我要了南瓜烧鸡蛋和鲶鱼块，还有排骨瓜汤。桌子摆的免费野菜更是叫人称奇，多数是没尝过、没听过的野菜，比如裸子植物买麻藤（*Gnetum gnemon*，买麻藤科）的叶子、仙人掌的叶子（实为枝条）、鸢尾的花、蝶豆（*Clitoria ternatea*，豆科）的花、槟榔青（*Spndias pinnata*，漆树科）的嫩叶，还有百里香。

在离拉廊瀑布国家公园（Lamnam Kra Buri National Park）的Punyaban瀑布不远的路边，采了1种海金沙、1种毛蕨和1种卷柏。到瀑布已经是9：00了。瀑布前面的桥头有人在卖榴梿。我们买了两个，多数由我吃掉。这是一种个头相对较小的品种，种子较大，肉质不厚；但由于新鲜，味道浓郁香甜。只卖20泰铢一个。想想圣村太平洋海鲜城的榴梿约50美元一个，与这儿的相比，价格相差70倍。

瀑布左边有一条小路，可上到上面的另一阶瀑布。采到一种叶面带牙齿的叉蕨，看似牙蕨，但叶脉网结，没见囊群。在瀑布下一点的水边采到黄腺蕨，没有囊群，后经许老师鉴定是*Pleocnema macrodonta*。

新茂、良和我从瀑布右侧往上爬，见到叉蕨（*Tectaria semipinnata*），我以为是与那年在马来西亚采的*Tectaria tricuspis*同种。再顺着瀑布上面的溪水上行，我们采到了几种大型蕨类包括一种桫椤、有毛牙蕨，黄腺蕨和前面那个带齿的叉蕨也采到了有囊群的个体。

我又往上沿着溪水走了一段，没有发现什么特殊的。返回，见到良和新茂。没过几分钟，我们听到雷声，天空开始飘雨，决定赶紧离开溪边低地，因为热带的暴雨可以使小溪瞬间变成河。

下到瀑布处，罗教授在那里边看苔藓边等我们。回到公园口，再买3个榴梿，新茂和良吃了一点，主要由我完成。一共5个榴梿中，我估计吃了4个。罗教授说，她还没见过能一口气吃这么多榴梿的人。她甚至把我吃榴梿的馋样的照片发给Thwesakdi教授。后者跟我有20年的交情了，是罗教授在朱拉隆功大学的同事。

下一个点是约30公里开外的Ngao瀑布。泰国中的Ngao是“高”的意思，这又是泰语与中文有关的另一个例子。我们沿着瀑布右边的一条小路走进热带森林。温度高，湿度大，置身其中，像被蒸笼蒸一样，很快全身衣服就湿透了。很难想象，几天前我们在泰北清道山上冷得发抖，夜不能寐。

沿途没有什么蕨类可采。第一次见到买麻藤的雄花穗。快要结束的时候，我们在一根树藤上采得1种星蕨、1种石韦。爬藤的工作由我亲自完成。

第三个点在一个湖泊附近，典型的酸性土，到处是芒萁。湖边有游客买了鱼食后喂鱼，鱼群一堆一堆，很壮观。

第四个点在温泉旁边的一条山路，在那里采到车前蕨等。沿途能听见有人在度假村唱卡拉OK，这是今年第一次在泰国听见别人唱歌。去年在曼谷中央宾馆也听见过中国游客唱歌。此地温泉似乎免费，有不少人在里面玩。旁边是一条小河，好多男女老少在旁边嬉戏游水。水很清。良感叹道，在中国这样干净的小河基本绝迹了。

河边有一些小饭店，它们简单、自然的风格，令人觉得很有品位。路边几棵大树上的槲蕨引起罗教授的注意。Nai用Puttamon的拐杖弄下来几片叶子和几段根茎，才发现原来这树上有两种槲蕨，算是个惊喜。

19：00回到宾馆。晚餐丰盛：Namprik辣椒酱开水菜、Pad Ped Sator嫩胡椒野豆肉条、Merk Pad Khai Khem咸蛋鱿鱼、Tum Kha Kai香茅柠檬叶鸡、炸鱼Bla、苦瓜炒蛋、腰果酸角烧虾、炸买麻藤叶加芒果丝泡海鲜沙拉、大象啤酒。迄今最好吃的一天晚餐，也是最贵的一次，1 880泰铢，相当于人民币420元。

21：30开始压标本，23：30我去7-11买插线板花了299泰铢，顺带3听啤酒回来。00：30压完标本。

今天竟然采了46号标本，是最多的一天，其中新茂钟爱的卷柏就有10号。我们师徒三人喝掉啤酒。

飞蚁队在拉廊瀑布国家公园。

早餐吃的野生植物沙拉。

2019-07-15

拉廊瀑布国家公园

早餐还是那家得奖小餐馆。今天我要了海蚶咖喱和炸鱼。前者量不大，可能比较昂贵的原因吧。饭间，老板主动过来跟我们聊天，才了解原来她父亲是福建移民。她及家人的奋斗历程体现了福建华人的打拼精神。她说，她用心烹饪，做给顾客的饭菜，跟她做给家人吃的饭菜一样。简单的原则，或许是她成功的秘诀。

饭后，罗教授说，此饭店有椰奶榴梿糯米饭。那是不能错过的，要了一碗，良、新茂和我分享。果然了得！这辈子第一次品尝，希望还有机会。

第一个采集点是Tum Nung瀑布。刚进入公园，过一个桥，一队队鱼儿列阵欢迎我们，气氛热烈。受到这种“礼遇”，还是第一次。

还是忍不住问罗教授，河里的这种鱼儿能吃吗？罗教授说，不能，这种鱼有毒，因为它们吃一种毒草。我不相信这种说法。即使鱼儿吃了毒草，有毒物质也会被鱼儿降解成无毒的东西，怎么会积累在鱼儿身上。

一种秋海棠附生在一棵树干上，阳光从树梢上洒落在秋海棠叶面，印出紫红色的脉纹，煞是美丽。自然界到处都是美。

根据设计的采集路线，我们得爬上一座山峰。有一段路很陡，得攀上绳子才能上山。很快，我们离瀑布不远了。我们决定下到河边，从河边上行，因为河边的大石上往往附生不少蕨类。果然不错，采到了几种蕨类。良回到了游客路上，新茂和我继续沿着河岸上行，采到小陵齿蕨、瓶蕨、膜叶蕨、瘤蕨、剑蕨、铁角蕨等。

新茂和我在右岸遇阻，我们趟过小河到左岸。采到肾蕨。接近瀑布了，瀑布很壮观，尤其从我们站的角度看去。一帮白人在瀑布下冲凉戏水，还有个男的带着小孩在用网抓鱼，好像没成功。

我们得穿过那群白人到右岸去。用石头搭起来的跳台位于他们中间。我将新茂从右岸背到一个大石头上，我穿雨鞋不怕浅水。穿过那群白人时，我用英语跟他们打招呼，我顺便问他们，从哪里来。

“德国。”一个白人男子回答道。

“Sprechen Sie Deutsch？”我用德语问他是否说德语。

“Aber natuerlich！”当然。

“Ich bin in Mainz geblieben.”我在美茵茨待过。

“Mainz， eine schoene Stadt！”一个美丽的城市。

“Aus welcher Stadt kommen Sie？”您是哪个城市的人？

“Dortmund.”多特蒙德。

第一次见这么多野生的河鱼。

短暂的德语交流，使我们两个亚洲人穿过这群半裸的白人男女时的尴尬，顿时消失。

回到公园门口前，又穿过那条鱼儿列队的小河之上的小桥。忍不住下水，想徒手抓鱼。不成功，尽管周围都是鱼。正好，刚才在瀑布下见到的那个德国小男孩拿着小鱼网兜走过来。我用英语问他，他没听懂。我换用德语问，是否可以借他的网。他同意了。用他的网我试了几次，还是没抓到任何鱼。德国小男孩的父亲及别的亲戚也过来站在桥上。

Puttamon给我一点饼干。我放在渔网里，沉到水里，鱼儿们果然上当。我迅速将网提出水面，一网抓到两条大鱼儿。众人见状，立即兴奋起来。我将网带鱼给小男孩，他父亲接过，将鱼放生河中。

我又请示罗教授，想带两条鱼去饭店吃掉。这下，罗教授说，她问了公园的人，这个鱼确实没毒，但不好吃，刺也多。我说，这不是问题啊，泰国有这

发现罕见的亚洲特有的与蚂蚁共生的蚁蕨（*Lecanopteris* sp.）。

么多调料，味道不是问题啊；如果刺多，可以深度油炸啊。泰国朋友们哈哈大笑。这些鱼儿生在泰国是幸运的！

离开Tum Nung瀑布，路过一个水果摊。吃掉4个榴梿，再买一堆山竹、红毛丹。中午我没吃饭，而是吃了好多水果。

第二个采集点是Tone Tham瀑布。在不大一个地方，采到网藤蕨、叉蕨（*Tectaria angustata*）、实蕨（*Bolbitis*）、小里白、膜蕨、卷柏、黄腺羽蕨等，还有一种从未见过的小瓶蕨，两种桫椤。最令良兴奋的是发现了蚁蕨。这种蕨类横走附生在树干上的根状茎里面是空的，大量蚂蚁寄生其中，算是自然界一大奇观吧。这个蕨属，我和新茂于2015年在越南南部富国岛采到过。那年良去了美国我实验室。这下，在这采到蚁蕨，可以弥补良缺失越南南部之行的遗憾了。他面对着蚁蕨足足待了近一个小时。

晚饭在米其林三星饭店进行。这是我人生第一次在米其林星级餐厅就餐。果然名不虚传。8个菜：菠萝南星柄鱼黄咖喱、买麻藤鸡蛋粉丝、双盖蕨洋葱腰果肉末、芋头石斑鱼汤、炸鱼、野豆鱼子酱烧虾、炸带皮猪肉，还有生菜蘸酱。大象啤酒。

压标本至凌晨1：30。中间罗教授和司机回旅馆送报纸。我将Ngan的岩蕨论文修改好，寄回*Taxon*期刊。Puttamon在医院检查，可能不是登革病毒感染。

今天又采了46号标本。新茂加盟飞蚊队后，连续两天采得46号标本。

2019-07-16

考索国家公园

昨晚睡得晚，罗教授破例准大家7：30才集合吃饭。早餐是泰式早茶，是中国美食。我本人从来不是广东早茶的粉丝，因为各种美食都含肉，蔬菜太少，我妻子却喜欢。今天的泰式早茶很美味，每一份都很小而精致。新茂和我还各加一个沙拉包。味道跟13日那天吃的最有名的沙拉包类似。

今天去泰国南部素叻省的考索国家公园（Khao Sok National Park）。沿公路走了一会儿，就采到一种不错的凤尾蕨。也采到一种以前没采过的鳞盖蕨。

3公里后到公园最后一个站点。之前，到Wing Hin瀑布。在河边采到一个肋毛蕨和一个膜叶铁角蕨，后者裂片边缘有刺，叶片顶端尾尖，也许是个好东西。站点之后，Nai和Puttamon要吃方便面，我们几个吃了炸波罗蜜、小蛋米糕。良、新茂和我不想等，我们沿着森林中的小路往瀑布方向走。路上标本不多。采到两种巢蕨。后来在遇到一群爱尔兰人和英国人的时候，采到一种奇怪的瓦韦，其囊群椭圆，非常靠边，良说他在西藏见过类似的。还采到1种丝带蕨、1种槲蕨、1种叉蕨，还有毛蕨、黄腺羽蕨。

路上遇到好几波白人。每次我都主动用泰语跟他们打招呼：“萨瓦迪卡！”（你们好！）然后用貌似流利、纯正的英语跟他们简短对话，问他们从哪里来，问离瀑布还有多远，等等。几乎无一例外，每次他们都问我是不是导游。是啊，在泰国旅游景点能说一口流利的泰语和英语的人，不是导游的概率不高。他们却不知道，我（们）实际上只会4句泰语：你好、厕所在哪里、收钱、谢谢。

我们一路小跑，直到14：00也没看到瀑布，更没看见瀑布附近好生境里生长的特殊蕨类，深感遗憾。良走到河边，对着哗哗流水，无限惆怅，咔嚓咔嚓拍下数张流水照片。不知他是否想记录下自己的无奈与不甘？

发现一种罕见的凤尾蕨（*Pteris* sp.）。

原始森林里盘根错节。

已经14：00了，必须得往回走了，因为罗教授要我们15：00前回到停车处。我们离停车处有5公里之遥。要在一个小时内走山路5公里，几乎不可能，尤其是累了大半天之后。

回去时跑得更快了，半小时跑完了最难的山路。到公园营地。飞蚁队每个人都全身被汗水湿透。良问我，是否喝可口可乐。那当然！高价可乐。喝着真爽！这时，你真得佩服发明可口可乐的人。

剩下的3公里车路，又是急走。良说我们像是在竞走，新茂不得不时而小跑。“新茂，你犯规了，双脚不能同时离地！”这是竞走的规则之一。

15：07飞蚁队赶到停车处，却不见罗教授他们，直到16：00。我们全身湿透，空气又很闷，于是良叫司机把车发动、把空调打开。今天飞蚁队遭遇蚂蟥袭击，每个队员都被叮咬。车上发现，我全身被5个蚂蟥骚扰，3个地方有点红肿。这个公园有5种蚂蟥，今天担任袭击任务的是小种蚂蟥，它们的麻醉技术没学到家，叮咬后容易被发现。据说，这次泰国行的最后4天会遭遇比这里多数倍的蚂蟥——恶战在后面！

到素叻他尼（Surat Thani）城，良认出了这是我们去年12月来过的城市。我也认出了福建商会的牌坊和热闹的市场。

今天是泰国的佛教节日，公共商场不能卖酒。Nai设法在一个私人小店为我们买到4大听啤酒。

今天采得标本27号。

2019-07-17

素叻他尼—合艾

罗教授和Puttamon今天回曼谷，司机俊波送他们回去。罗教授在曼谷有一周的会。Nai升级为考察队领队，掌管考察路线设计、财务和军机大权，并负责与泰国地方联络。

早上宾馆的早餐还不错，蛇皮果和西瓜令飞蚁队队员兴奋。早餐中有一种当地有名的听起来像“烤羊”的泰餐，由米饭上面撒好几种调料拌匀而成。Nai吃了两盘。

8：00，Sahut教授的一个学生Ice带了一辆中巴车来接我们，他的家乡就在素叻他尼府。2017年在深圳开国际植物学大会时我们见过Ice，做蕨类分类，专攻泰国陵齿蕨科，将于今年9月毕业。

12：00多在Larn da Chu吃午饭。这家餐厅是Sahut教授专门推荐，以西式风格为主，也有不少泰餐。我们一进门，就被餐厅规模和就餐人数之多惊了一下。我们6人，除了良和司机点了同样的鱼+米饭外，其他人点的都不同。我点了泰国东北风格的香茅+小鱼干+虾干+胡萝卜丝+芒果丝+洋葱沙拉。我的饭盘端上来，令众人羡慕，他们都尝了一点。很辣，吃得我满头冒汗。Nai还点了豆腐干酸角叶（豆科）鸡汤，让大家分享。这个汤很特别，酸角叶使汤带酸味，美味而不腻。

14：30到达合艾市（Hat Yai），入住三星级水晶酒店（Crystal Hotel），Sahut教授的夫人推荐。这是家重新装修了的酒店，条件不错，房价也比较高，实际上是我们迄今待过的最贵的地方。

15：00 Sahut的另一个学生AM（他跟我们一起在泰北清道山上做过野外）开着一辆丰田Hilux皮卡，接我们去宋卡王子大学的一座山上采集。由于是他们大学的山，不要求采集许可。山上蚊子密布而且功夫了得，隔着裤子也能成功吸血。新茂说他穿的裤子太薄了。采到多态叉蕨、新加坡叉蕨、海金沙、点状星蕨，还有1种卷柏、3种毛蕨和1种单叶膜叶蕨。至少有两种以前没采过。

16：00多下山，接到Sahut教授，他拄着双拐，因为右小腿在前几天踢足球时受了伤。他送我们去宾馆。10分钟后我们都冲了个澡，换上衣服。我和新茂分别给Sahut带了成都牛肉干和云南茶。

Sahut宴请我们在Chokdee Dimsum吃广式晚茶，几十个小蒸笼摆了满桌。之后，AM送大家去SeaTrue吃甜点。这个饭店很有风格：地上铺满了略有起伏的沙石，走在上面像走在粗沙海滩，尽显自然气质；每张餐桌都在不同的小亭子内，各种亭子看似错落无序，却让人心情舒畅而有足够的隐私；灯光略微昏暗，让人感觉静谧平和。飞蚁队成员都觉得这文化富足、品位高雅。看着泰国人过着这样美好的生活，新茂感叹，我们整天忙碌，却没有这样的生活质量。

在泰国我们时常被这样的文化品质所折服。许多泰国城市，包括曼谷，有许多看似破旧的街道，各种电线、电缆网扯在电线杆上，像是中国10年、20年前的模样。可能你会觉得泰国落后了，但你一拐弯可能就发现了你这辈子觉得最有风格、最有特色的饭馆，里面的美食让你终生难忘而且价格低廉。在泰国的每一天，我们都有这样的惊喜。这难道不就是普通老百姓追求的生活吗?

在甜点店还意外收获一种悬垂瓶尔小草，细长、分岔。21：00回到宾馆。Nai带着飞蚁队去逛Greenway Street Life夜市。今天还是佛教节日，外面不能卖酒。我们在宾馆买了3瓶Heineke啤酒，22：30压完标本后，喝掉。

在宋卡华人餐馆品尝广式晚茶。

品味高雅的SeaTrue夜宵馆。

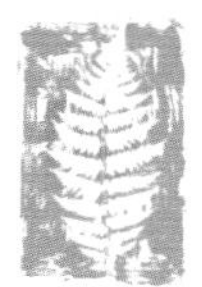

2019-07-18

勿洞

被蚂蟥咬的5处伤口中的两处肿起来了，肿块足有巴掌大，伤口还流黄水。昨晚Nai给我伤口涂了些碘酒。看来我是对蚂蟥叮咬特别敏感。良和新茂前天也被叮咬，但只留下一小点红疙瘩。

宾馆自助早餐挺好的。我捡了一盘沙拉包、煎鸡蛋和沙拉。

接下来Ice和Sahut的另一个学生Bo跟我们去最南端与马来西亚交界的地方。这是飞蚊队最想去的地方，希望能够采到许多马来西亚的种类，它们对研究旧热带蕨类多样性与进化非常重要。马来西亚的采集许可很难申请到。

10：00在加油站休息时，Nai买了番石榴、脆芒果、哈密瓜，飞蚊队成员都喜欢水果。路上有不少减速带，更有许多关卡配备军人，泰南是泰国局势相对紧张的地区。

公路弯弯曲曲，车上颠簸得厉害。吃完水果后，有飞蚊队队员感觉吃的东西快给颠出来了，赶紧闭目养神。

12：20在一个中国村休息，吃些零食水果，算是午餐。我一点也不饿。这个村的名字叫勿洞朱拉蓬公主第十发展村。我跟华人老太太交流了一会儿。

她是祖籍广东的第三代移民，是原来马来亚共产党的成员。20世纪80年代末，马来亚共产党解散后，留在泰国的华人被分为4个村，政府划出山地给他们。他们主要靠种植橡胶和水果及发展旅游为生，日子过得也不错。他们的旅游景点包括一条去参观原始森林里的千年古树的路线，和一个讲马来亚共产党历史的博物馆，游客主要来自马来西亚。东南亚国家联盟之间旅行签证免签。

村里的榴梿自然熟、很新鲜，1公斤40泰铢，必须得大吃。好吃！

老人家带我们去看他们的千年古树。我们对那兴趣不大，我们想看的是沿路的蕨类植物。她同意我们采集，途经仿造当年的营房、夫妻房和讲习地等建筑。

那里蕨类种类非常丰富，飞蚁队大喜。采得两种黄腺羽蕨、两种芽蕨，还有铁角蕨、膜叶铁角蕨、网藤蕨、条蕨、双盖蕨、树蕨、金毛狗、卷柏、凤尾蕨，等等。最让我兴奋的是，终于在野外证明了，有两个相似而不同的芽蕨的存在，它们的毛被明显不同，而且没有中间过渡。新茂在密苏里时，坚决不同意我认为它们不同的意见。

16：30离开中国村。17：00多到达泰南边境城市勿洞（Betong），据说这个镇大部分人是华人。入住新泰宾馆（Modern Thai Hotel）。在一家中餐馆吃饭，3个中国菜、4个泰国菜，味道太棒了！勿洞鸡全泰著名，确实名不虚传；椰笋柠檬鱼是最好的泰食之一。也很贵，1 900泰铢，再创新高。

蚂蟥叮咬的伤口好多了，基本无碍。

23：30处理完65号标本（迄今最成功的一天），喝去3听大象、2听Smirnoff啤酒。干杯！

在泰南发现的芽蕨（*Pteridrys* sp.）新种。

红色理论讲习地。

2019-07-19

勿洞

7：00楼下集合后去吃早餐，良和新茂生怕今天采集太多标本而使烘烤标本的纸板不够；他俩于是将昨晚上烘干的标本取出，将昨晚上没烘的湿标本用小火烘上；预计下午回去时，它们都干了。

早上去吃勿洞鸡饭，据说在泰国很有名。飞蚁队队员要了酱肉和炸肉饭，该饭稍偏甜。去市场买沙拉包和香蕉，作为今天午饭餐。

9：00到了泰马边界的勿洞的Suan Mai Dok的一座山去考察。山底海拔约480米。这是Sahut教授建议的路线。刚开始没什么路，很陡，我感觉很奇怪，Ice怎么找得到这样的地方；我也在想，是否今天全是这样无路的丛林上坡。

一上山，Ice在前面就说遭遇了蚂蟥。良跟着也在脚上发现了，我在后面心里不安起来。两天前已经被蚂蟥咬怕，腿上、手臂上还在红肿。2014年在越南中部更是被蚂蟥咬得右脚肿得像馒头，不能穿鞋、走路；而另一次，也是在越南，左手腕被咬得流血达两小时不止。记得有一次，在越南中部，走下山时我们每个人都从身上强制拔掉20多条蚂蟥。有时发现衣服上、袜子上一片血迹，才知道自己“被献血”了。

我接受队友们建议，特别是向新茂学习，在裤口、袖口、领口大量喷洒驱蚊水，而且把裤口扎在长袜中，把衬衣扎在牛仔裤里。我要看这次是否有效果。

上了大约200米，Ice还是找不到路。向左走了一段，又往右边爬一段。他打电话问Sahut。终于找到了一条小路。往前和往上走，林子变稀疏了。

10：00左右到达泰马两国边境，左边是马来西亚，右边是泰国。Ice电话请示Sahut教授怎么办，先前的计划是不跨过国境，以免造成不必要的麻烦。但只有这条小路，怎么办？Ice又打电话请示Sahut教授。好消息是，我们“可以”越过边界，走到马来西亚那边。

很快，Ice找到了Sahut在Hat Yat吃饭时说的那个好像是新种的星蕨，良进一步证实，那确实是个新种。一阵小激动！

接着，Ice告诉我，Bo在找Sahut发现的一个带状瓶尔小草*Ophioderma*新种。这个种Sahut跟我一起写成的论文投稿已半年，希望今年能发表。

我在想，那么小的东西，地上部分高不足10厘米，粗不足3毫米，没叶，在这茫茫丛林，怎么找？这时，Bo说找到了。我赶紧跑过去。哇哦，确实是它，之前只见过照片和绘图。它亭亭玉立于枯叶苔藓中，显得高贵冷艳。营养叶位于地上部分的中部，渺如鳞片；生殖叶位于顶端，约有20个黄色孢子囊生于背部一根浅绿带黄的脊上。太美了！

我问Bo怎么找到的，她说她去年跟Sahut教授来过这里，采过。原来如此。我们在附近发现了约5株，采去3株，舍不得破坏这个种群。真难相信，这是个比大熊猫濒危不知多少倍的物种，可是关心它、了解它的人在全世界不知道要少多少倍。物种保护任重而道远，需要生物学家发现和介绍它们，更需要政府和大众保护它们赖以生存的环境。

考察队在泰国—马来西亚边界的马来西亚一侧。

蕨类多起来。采到了一种约半米高的蕨类，我说是树蕨，良、新茂和Ice觉得是金星蕨科的植物。我说，鳞片那么发达，不该是金星蕨科的东西，良和新茂都说，金星蕨科也有鳞片发达的。我们一时谁也说服不了谁。看来需要DNA数据。

一般的带状瓶尔小草附生树上，这种新发现的带状瓶尔小草（*Ophioderma redactophyllum*）土生，可能只有约50株。

再往上，Nai说发现条蕨了，我也看到。我兴奋地叫新茂，他是这个属的专家。新茂激动地丢下手中的骨碎补跑过来。我们努力找条蕨叶背的孢子囊群。找到了，它们从叶基往上分布，几乎长在主脉上，主脉和囊群间几无空隙。新茂也发现它的叶足出奇地长。我认为这是个我们没见过的种，新茂谨慎地同意，这可能是个新种。

走到了海拔1 000米的高峰，两国的分界线就在小路上，我们一脚站在泰国，另一脚在马来西亚。Nai告诉我采到了灌木条蕨*Oleandra neriifolia*，我好高兴。这个种我第一次是2015年跟新茂一起在越南南部见到，这是我最喜欢的蕨类。它形似灌木，单叶轮生；不看叶背，真不知道它是一蕨类植物。我一直梦想着，有一天要在我家园子里，种上两棵灌木条蕨。含蓄不露，不让肤浅的人一眼看出它是蕨类植物，这不正是植物学家低调而富内涵的孤傲品质吗?

可惜Nai只发现一株灌木条蕨，而且没有孢子囊群。他说是在泰方采的。我两脚跨到马来西亚去采金毛狗和膜蕨。Nai高呼起来：“教授，又发现一株灌木条蕨！”这次是在马来西亚。新茂几个箭步跑过来，掩饰不住内心的激动。我在马来西亚，手里拿着金毛狗和膜蕨，赶紧用相机记录下这一不寻常的时刻，

条蕨和新茂在马来西亚，背景是Ice、Nai和Bo站在泰国。

又采到燕尾蕨。这是一个美丽的蕨种，单叶深裂成燕尾状。良对着燕尾蕨，多次按下相机快门。翻过高峰，良已远远走在我们前面。右拐就完全偏离了马来西亚。我在悬崖上采得书带蕨和普通铁角蕨。Nai在一个岩壁上发现一种小卷柏，新茂认为，极有可能是新的。高潮迭起！

下坡很陡。采到三角叶陵始蕨。11：30快下到村里时，下起了暴雨，赶紧将雨具用起来。幸运，几分钟内抵达泊车的地方。吃掉沙拉包、香蕉和橘子。新茂发现左脚被蚂蟥隔着袜子咬伤3处。我和其他人幸免。

下山去一边境瀑布，过河。采得毛蕨、瘤足蕨、卷柏等数号标本。再去一酸性壤土山。Nai带队试图穿越一片芒萁丛，未果。过一村子，吃榴梿5个，包括一个数公斤的大榴梿，我自己吃掉一半多。众人傻眼。晚上我没吃晚饭，据说不错，在一家香港餐厅，880泰铢。

21：30弄完标本。共采得31号标本，数量不多，质量很高，可能有数新种；烘烤的纸板剩下很多。喝豹牌和大象啤酒。

考察队在泰国—马来西亚的分界线上。

新茂在马来西亚一侧激动地观察灌木条蕨（*Oleandra neriifolia*）。

2019-07-20

Bang Lang国家公园—合艾

7：30离开新泰宾馆。早上在一家华人餐馆吃米粉。Nai不吃牛肉。问他才知道，原来是出于佛教信仰的原因。我注意到，每次看到佛龛、庙宇，他都要双手合一、感恩祈愿。他的性格也非常收敛、温和、善良；他不喝酒、不去卡拉OK厅，也没有女朋友。看来，佛教信仰对他影响很大，他是个虔诚的佛教徒。

今天向北。路过有一片片石灰岩山的村庄，我们请司机在一个有小路通向山里的村庄停下，想采集石灰岩地区的蕨类。司机皮龙说，泰南这一带不安全，一个月前在附近就发生了一起爆炸事故。遂放弃。

10：00左右到达Bang Lang国家公园。到这个公园的主要目标是许老师和我发表的泰国黄腺羽蕨，其模式产地就在这个公园总部附近。我们之外，只有3名游客。公园管理人员说，因为这一带安全不佳，游客不多。这倒方便我们采集。从入口到瀑布900米。很快，我和Nai见到一种泽泻蕨，两片浅灰色单叶托起一枝浅绿孢子叶，很特别。良和新茂在后面，留给他们照相吧。他俩是飞蚊队的摄影师。

在低海拔雨林，空气好闷，我们的衣服浸满了汗。长柄芽蕨*Pteridrys syrmstica*很常见。有两种毛蕨、鳞盖蕨、黄腺羽蕨。Nai在前，没过一半，他调转过来，说要去厕所。他告诫我，上面蚂蟥和蚂蚁很多，要小心。没过10分钟，我的右脚左侧突然刺痛。脱下雨靴，发现一只蚂蟥正隔着袜子吸血吸得鼓起来。一般的蚂蟥麻醉技术高超，它们叮你时，你根本觉察不了，直到它们吃得圆滚滚的、太重而支撑不了自己身体时，才滚落在你衣服里或鞋子里而被挤破，或因血流不止，发现身上湿漉漉的，才知道被害了。从麻醉技术看，今天的蚂蟥可能是不同的种，或者它上学学医时学习不好。

看到了一种肾蕨，叶子长达2米。也有一种双盖蕨，叶柄粗糙、扎手，我们采过几次了。很快到了瀑布。得过一根独木桥，跨度大，还好，上面有一根绳子可以略微攀扶。过了桥，我又过小河到对岸，沿着右岸，我爬到瀑布下，采到翅叶薄唇蕨、卷柏和双盖蕨。

13：00左右，Nai成功说服公园官员，同意我们在没有向导陪同的情况下，沿着公园口右边一条小路，去石灰岩山。山上很干。一共就几个种。走到岔路，Nai示意，得往回走。要找的泰国黄腺羽蕨没找到。

回到入口，路上却没找到上去时见到的泽泻蕨。全身是汗，估计我的衬衣能拧出一咖啡杯的汗出来。上到车上，冷气吹着，身上着湿衬衣，冰凉。赶紧换衣服。

到泰国10天以后就每天蹭良的网。他整天开启热点，热点名叫Botanist（植物学家）。走到哪里都有网。良戏称，植物学家走到哪里都有网。可是今天整个上午都没网。手机上显示信号还比较强。很奇怪。可能由于这一带相对不是很安全，因而没网。

14：20在一家穆斯林餐厅吃午餐。我和良吃早上买的糯米饭，新茂吃了一盘饭。良突然觉得是否得重启手机，才能有网。重启。果然来网了。良说，一个上午没网，感觉有好多人要找；有网后，结果发现没有一条消息。原来，自己没那么重要。

18：30在大雨中回到合艾的水晶宾馆。20分钟后，同一个车去宋卡王子大学，接上Sahut，他妻子Dai，学生EM和AM，去宋卡市宋卡湖一个岛上的湖景餐厅。Dai是宋卡大学另一个系的员工，研究兰科植物，她知道华南农业大学兰科专家光大教授。

从宋卡王子大学出发，30公里之后，于19：05到达餐厅。今天的晚餐很特别，不仅四面环湖、环境优美，而且鱼鲜都来自宋卡湖里，非常新鲜。晚餐8个菜：Homo蒸鱼（basil gnetum coconut milk）、Liang买麻藤鸡蛋、Yam rai thong、炸鱼（Fried fish local lake）、椰笋鱼（Gam song）、肉末鱿鱼烤（Cool grien pork minced）、野豆虾（Parkia shrimps）、蒸鱼。

22：00多去买狮牌啤酒。今天晚上量少一些——2小听、1大听。

树干上的蜥蜴在森林中常见。

Sahut教授做东的宋卡湖上的晚宴。

2019-07-21

合艾

亚洲热带的特有种——七指蕨（*Helminthostachys zeylanica*）。

8：10 Sahut教授安排我们用他们学校的四驱丰田Hilux盖篷车，今天要走跑些山路。该车前面有两排位置，飞蚁队加Nai坐在后面，Ice坐副驾。后面有点挤，还好，我们都不胖。路过一片片橡胶林，但不见割胶行为。橡胶市场低迷。

又路过一个规模气派的佛教庙宇。路程不远，约半小时就来到了一片石灰山下。很快，我们在石灰岩壁采到了一个铁角蕨，似乎与*Asplenium falcatum*不同，很瘦，羽片边缘有粗齿。又见到从树上掉下来的巢蕨。爬到山路尽头，是一些小型的山洞，洞口有些佛教性质的布悬着，当地有人来这里烧香敬佛。

没路了，新茂和我沿着右侧的岩壁看看，这些地方往往长一些蕨类。采到了带孢子囊群的镰羽铁角蕨，还有可旺后来鉴定成*Asplenium loriceum*的种；后者昨天首次采到，但没孢子囊群。

离岩壁约10米处有个低洼地，天南星科东西不少。我跟新茂说，那下面肯定有好东西。我们绕道走下去，果然发现两种以前没采过的叉蕨：羽裂叉蕨和一种带芽胞的叉蕨，可惜后者没囊群。后来良说后一种可能是个好东西。

走出洼地，左边岩壁上见一个黄绿色的三回羽状复叶的蕨类，离地约20米。新茂展示了他的徒手攀爬绝技。采下来，才知道原来是一种鳞盖蕨。这个属多样性不高，我们一般都不怎么喜欢采。采到一种卷柏，新茂说没见过。

腿上的3只蚂蟥正伺机作案。

回到泊车处，又在周围岩壁看了看，采到槲蕨、星蕨、凤尾蕨、卷柏等。

13：00离开石灰山，去一个野生生物保护区。午餐时间，我不想吃午饭。保护区的管理员人很好，给我们在附近摘下野生的红毛丹、另种波罗蜜，给我们吃。我吃了剩下的1/3个波罗蜜。好吃！野生红毛丹肉甜带一点酸，味美，但果肉与种子分不开。

14：00左右出发，路的尽头是一个瀑布。蚂蟥很厉害，我们不敢往林子里走。刚出发就采到缠在树上的藤蕨，但没孢子叶。这个蕨种是二型叶，孢子叶和营养叶差异很大。黄腺羽蕨长势良好。很快见到了七指蕨，这是今天的明星蕨种；它叶子裂成7个裂片，轮生，孢子囊穗矗立于中央，位于一段长柄的上端；孢子囊黄色。这是蕨类植物中最美的种类之一，只分布于亚洲热带丛林中。

后来采到一种小型的肋毛蕨，顶端尾状，也许小段能帮助鉴定。在瀑布附近见到一种膜蕨。我翻到水池后面，采到一种树蕨和新加坡叉蕨。

16：00回到入口处，每人身上都取下数量不等的蚂蟥。新茂得了冠军，取下5只，他的左脚被咬3处，流血不少；更有一条半截身子在袜子里，半截在外，成了两头鼓，中间细的怪物。良将这些蚂蟥一一集中在一片塑料纸上后，用枝剪一一剪断，见鲜血淋淋后，方罢休。新茂悟出真谛：“那都是我的血！”

16：30回到水晶宾馆。

18：00完成标本，去夜市吃饭。每人得200泰铢卡，选自己喜欢的食物。芒果汁加酸奶好棒！海鲜烤肉面、炒面、烤海鲜，都好吃。回来在旅馆对面买泰国威士忌Hong Thong（金天鹅）。喝掉。

2019-07-22

宋卡—銮山

非常罕见的叶子轮生的灌木条蕨（*Oleandra neriifolia*），居然在饭店栽种。

我们10：30就退好了房，把所有东西都运到大厅门口。

罗教授和皮贝11：05到。大家都非常高兴皮贝和他的车重新加入我们。去宋卡王子大学接上Sahut、Dai和Ice去吃午饭。早上9点才吃了早餐，听说要去吃午饭，我兴趣不大。野外辛苦，但吃得太好、太频繁，因而胸前的这口锅越挂越大。有飞蚁队队员甚至有时后悔，在照集体照时没有使劲收腹，有损形象。

午餐在一个不起眼的餐厅进行。我们到时，无别的客人。没几分钟，生菜先上来，又有没见过的菜，包括一种豆芽、椰奶菜蕨、小芸木嫩叶，还有一种菊科植物。今天主食是中国米粉，用黄咖喱鱼汤浇在米粉和各种生蔬菜上而成；菜品有炒菜蕨、冬阴鱼汤、炸蟹芒果丝、炸鸡、炸鱼蔬菜方。最绝的是黄咖喱汤。他们把这主食叫中国米粉，可是找遍中国可能也找不到这样吃法、这样美味的米粉吧？本来不饿的我，也忍不住吃了两盘。

饭后是集体照，胸前挂锅队员都特别注意挺胸收腹，效果不错。送Sahut、Dai和Ice回校。

离开宋卡，一路向北，公路离海岸不远。路程约200公里，3个多小时后，于17：00到达那空是贪玛叻市。这个府的府名也是这个城市的名字。

考察队员们在旅馆整理标本。

晚餐在一个环境极其优雅的蕨园餐厅。餐厅分为前后两部分。前部分布满了雕塑作品，后部分则是雕塑品与植物，包括许多蕨类植物，整个装修简朴、品位优秀。海鲜大餐更不用说好了，尤其是烤马蹄蟹黄。好像价位在1 800泰铢左右。问题是人们长期吃雌马蹄蟹的蟹黄，会不会使马蹄蟹灭绝？答案是否定的，因为每次雌蟹可以产卵上千只，孵出的小蟹数量足以弥补被吃掉的雌蟹数量。

饭后在路边买新鲜红毛丹和山竹，3公斤100泰铢。卖果人是一家憨厚、开着一个小卡车的农民夫妇加一个小女孩，特别可爱。与我们一顿晚餐比，这么便宜的水果，他们整车水果也最多卖2 000泰铢。我们感叹，看来在哪儿当农民都不容易。

再买泰国白酒小瓶，40度，分完标本后喝掉。

今后4天将考察泰南最高山——銮山（Khao Luang）。这是蕨类最丰富的地方之一，也将是最艰苦的蚂蟥遭遇战。飞蚊队队员都准备好了，从身上拔下50根蚂蟥。

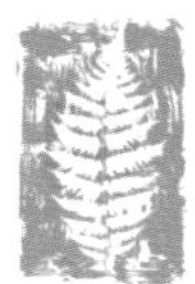

2019-07-23

鸾山

今天是泰南最高峰銮山4天攻坚战的开始。最高峰海拔1 800多米，考虑到山脚处海拔只有100多米，这是座很高的山。我们会在山上住3晚，包括在顶峰的1晚。本来计划从山的这边爬过山峰，从山的另一边下山；但后来公园管理处让我们得从原路返回。我把我大部分东西都给了新茂和良，因为我的大背包将用来背标本。

9：00出发，罗教授说这是个极好的时间。今天天气出奇地好，没下雨，蚂蟥就少多了。看来运气不错。

一路上有很多果树种植，包括榴梿和山竹。蕨类挺丰富，有一些以前没有采过。在海拔400米左右采到心叶双盖蕨，向上一些，见到双盖蕨。不久，在一个水沟边采到牙蕨、膜叶铁角蕨和长叶铁角蕨。

良沿着小沟往上走了一段，发现一条线蕨。我和新茂离开了小溪，听见良的呼喊声，又回到小溪，因为一条线蕨。这个蕨属新茂和我在2015年采到过；它单叶细小，形如禾草，成片生长于大石上；当时我们不认识，还以为是在水龙骨科的，却查不出归于哪个属，还想会不会是个新属。今天这里采到的不知是否跟越南采的是同一个种。

约13：00，大家在一条河边集合，吃午饭。我估计向导们都熟悉，这个位置到一号营地大概是一半，又在小河边，真是吃午饭的最佳时间和地点。前面一些时间，两位公园管理人员也赶上了我们，正好大家一起吃午饭、休息一会儿。我们带的水还足够，我们的向导已开始饮用旁边河水了。过一会儿，我们也得饮用河水。我本人小时候经常喝河水、溪水，所以此刻喝河水时，我没有一点儿心理障碍。

午饭是在城里买的糯米饭加炸鸡翅和鸡腿。我把鸡翅给了新茂，年轻人不耐饿。Nai和罗教授最后赶到。他们坐在我们不远。Nai打开他的午饭，站在河边一个石头上。扑通一声，一个后仰翻，他仰倒在水里。幸亏水不深。良和我跨过去将他拉起，他的午饭掉在水边。他起来后第一个反应是，指着水边的午饭："我的午饭！"我一阵好笑。他最年轻，吃得最多，也饿得最快。

14：00多，又到了河边。我们又休息一小会儿。这回我们得灌满我们的水瓶和其他盛水器皿，因为会有好一段不经过河边，将没水。

我们采集的标本已装满一个大的自封袋，得给我的包腾出些空间。罗教授请向导Art将标本藏在他记得住的地方，以便他们下来时帮我们带回去。这河边正是好记的地方。

上到海拔约600米的地方，右边有一个小悬崖。我和新茂爬下去，采到1个陵齿蕨和1个卷柏，并看见3朵好大的蘑菇。

海拔670米的地方，见到了这次銮山行我最想见的翼囊蕨。新茂也非常高兴。这是他第一次见到这个属的蕨类。过一会儿，良上来了，他也非常兴奋。良和我是2015年发表翼囊蕨新科的作者。我告诉过他们，商辉和我认为这里的翼囊蕨跟泰国北部、越南南部、中国云南南部的不是一个种。良看了这里的材料后，同意我们的观点。这里的翼囊蕨应是个新种，也分布于马来西亚。两个种在囊群形状、小羽片形状和大小方面均不同。我们选择形态较美的植株，在旁边合影，纪念这一愉快的时刻。合影时，Nai手里却拿着一枝凤尾蕨。

上到海拔780米，良发现了一种长在树上的陵齿蕨。新茂和我都凑过去。我很快在地上发现了著名的莎草蕨。又是一阵小激动！

很快就又来到河边。已看到我们的帐篷，已嗅到野炊的烟味。我们于16：40终于到达我们的一号营地。这里有5个遮雨篷，每个下面都是2～4个吊床。罗教授待在帐篷里。新茂和我在一起，良和Nai在一起，4个背夫在一起，两个公园人员在一起。

4个背夫兼向导都很年轻，可能就20多岁。他们人老实憨厚、善良纯朴。

小河的河水清清。良没有错过机会在河里游泳。新茂见状，也跳进河里。最精彩的时刻是，两位蕨类学家都脱光后，我采了两枝树蕨给他们，用来遮挡他们的屁股，然后由我用相机记录下他们的背面这一蕨类学家最搞笑的性感照。

向导为我们烧了可口的饭菜：香茅辣肉末、炒鸡蛋、冬阴鱼香菇汤。没想到在这荒郊野外能吃上这么美味的食物。更没想到的是，他们之后还为我们做了小汤圆汤作为甜点！泰国人对吃真是不马虎。

在等甜点时，罗教授用她的手机给我们提供无线热点。

盘点今天与蚂蟥的遭遇战：我从身体强行拔掉7根蚂蟥，身上3处流血；新茂拔掉5根，身上两处流血；良拔掉6根，身上两处流血。

准备向泰南最高峰进发。

睡在吊床上，防虫、防蛇、防洪水……

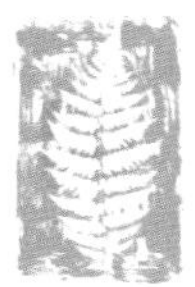

2019-07-24

鲞山

昨天21：00多大伙儿都渐渐睡去。我不习惯睡那么早。一般情况下，我严格尊重我的生物钟，绝不轻易打乱它。这是在中国、德国、美国艰苦打拼形成的、能保持长期高效的小“法宝”。

望着队友们都睡去，听着旁边新茂的颇有韵味的小呼噜声，不忍浪费我手机的电量，那就听听外面的声音吧。有多少年没有在山里、在夜晚仔细聆听大自然的声音了！我听见了，有鸟叫、有蝉鸣，有蟋蟀歌唱、有其他昆虫嬉戏，还有小河流水不均匀的潺潺声，更有许多从未听过的各种动物的声音。我很奇怪，这夜晚的大多数动物的声音，在白天都销声匿迹。夜晚的声音要复杂不知多少倍，这绝对比最庞大的交响乐队能奏出的音乐复杂得多。听见这么多喧闹，你反而觉得这世界安静极了，可能因为安静才能听到这么多声音吧。这真是个奇妙的夜晚！

7：40左右良把半睡半醒的新茂和我叫醒：“新茂，你的裸照都被张老师放在网上了！你还不起来维权？”我们遂起“床”。良是在说我昨晚躺在吊床上用随风飘过来的丝丝网络发出的朋友圈。

在清清的河边洗个冷水脸，水中的鱼儿几乎与你贴面。嗯，这条小溪真美，这个世界真美！

又是那4位向导为我们做饭。8：30开饭前，良已经用枝剪剪断了9条攻击他的蚂蟥。早餐3个菜：酸角姜黄洋葱虾酱尖椒肉末、黄咖喱猫鱼、香茅姜黄炖鸡。都很美味。

9：20出发。今天的目的地是二号营地。今天计划在路上少采，到了二号营地后，放下包袱，在周围采集。10多分钟后，又绕到小河边。采到两种膜叶铁角蕨，其中一种是*Hemenasplenium cheilosorum*，另一种有希望是新种。在海拔900米左右的地方见到幼嫩的翼囊蕨的孢子囊群，它们的形状带点矩圆形，虽然后来变成圆形。这说明，矩圆形极有可能是它们的囊群的祖先性状状态。

12：40在海拔1 120米的地方吃午饭。向导们去河边取了水，烧开，供大家冲咖啡。13：10，罗教授和Nai赶到。他们已经吃了午饭。

14：30上到1 290米。我在前面看见株卷柏，觉得有点怪，它规则的二歧分枝，很美。我赶紧叫新茂。他快速跑上来。这很可能是个卷柏新种，新茂大喜！他采了一大堆，足足装了半个口袋。

差不多同一个地方，我们采到了皱叶石杉*Huperzia crispsta*。这个种在泰国还被当作蛇足石杉，但两个种明显不同。罗教授听了我的看法，吃了一惊。路上还采到1个舌蕨，没有孢子叶；2个书带蕨，一大一小，有时长在同一个树干；1个二型叶的肾蕨，下面营养叶大，上面生殖叶小，是我们从未采到过的蕨种；1个一条线蕨，长在树上，这里海拔超过1 000米，它也许跟昨天采的长在石头上的低海拔的种不同；2种铁角蕨，一个根茎横生，一个直立。

新卷柏后不久，于14：40就到了二号营地，今天的目的地。向导们为我们搭帐篷。放下背包，罗教授上来后，请带手枪的公园管理员带我们在附近一条单向小道转一转。

阔叶林云雾缭绕。没过一会儿开始下雨。很快见到了双扇蕨，有挺大的一片。看到了一个树蕨的孢子囊群，又见到两种禾叶蕨，终于采到舌蕨的孢子叶。快到小路尽头，左边是一大片万丈悬崖，视野开阔，风景秀丽；风很大，幸亏风从悬崖吹向我们，否则不能在悬崖边走。小路的尽头是1930年代坠毁的一辆小型飞机。据说幸存的两名驾驶员还走出丛林，到村里求救。泰南山区，包括銮山，直到20世纪80年代末，政府才终于真正掌握这里的所有权。

我从飞机下面看到，飞机上挂着一枝形似飘带的蕨类。是带状瓶尔小草？我强忍住内心的激动。肯定是的，因为它悬垂于飞机上，叶子细长，稍有扭曲。这不正是我们发现的泰国带状瓶尔小草新种吗？这个种比在越南发现的种的叶子窄多了。我们用DNA数据强有力证明了，它们不是同一个种。我大声叫喊起来：“*Ophioderma*！”大家顺着我的指示也看到了。一阵狂喜！

回到营地，向导们开始生火做饭。衣服打湿了不少，赶紧换了干衣服。我在吊床上躺一会儿。寒风从四面吹来，感觉背部和双脚好冷。

晚饭19：00开始，有炒鸭蛋、红烧肉、粉丝豆芽椰奶、熏肉茄子。这次两位公园工作人员跟我们9个人一起吃。饭后，带枪那位给我们两杯泡药酒喝。泰国公园不允许喝酒，但喝泡药酒是允许的。

喝酒后在火旁烤了一会儿火，感觉暖和多了。21：00多准备睡觉。将几乎所有衣服穿在身上：4双袜子、3件T恤、2件衬衣、2条裤子、1顶帽子、1件防雨外衣，还包括1件半湿的T恤和衬衣、良借给我的一条裤子。在这个海拔1 300米的云林深处的寒夜里，躺在一片塑料布下的吊床上，四壁透风，好冷！

听了Nai的建议，我将两个塑料袋套在我的脚上以保持体温。但过了一会儿，只得摘去，不透气，闷！

新茂上床没几分钟，拴床的树干断了。新茂“叭”一声摔在地上。逗得我好笑了一阵子。向导赶紧过来，将床拴在一个大树上。这下我俩的床紧挨着。他的呼噜声听得更清楚了。我转身俯卧，写我的游记，但狭窄的吊床上实在不方便。我试图转回仰卧状，“扑通”一声掉在地上，又是一阵嬉笑！

开饭喽。早就饿了……

我们2015年才发表的蕨类植物新科——对囊蕨科，在泰南出现。

2019-07-25

銮山

昨晚的情况比想象的好，寒冷基本被抵御住了，尽管四周寒风呼呼。刚开始时，我把脸露在外面，但根本就太冷，只能将睡袋拉起，盖在脸上。幸亏个子小，睡袋有足够长来盖脸。

本来说是今早要早开饭，因为大家昨晚睡得早，可今早还是8：30左右才吃上早餐，9：30才出发。

一路上没有多少激动。一种囊群长在裂片顶端的禾叶蕨很常见，附生在云雾林的树干。12：10到达銮山海拔1 835米的最高峰。我们的海拔表测的高度都不足1 800米。大家到齐后吃午饭。午饭是各自从二号营地带上来的米饭加泰式香肠。泰国人用勺子一口一口地吃，飞蚁队队员都直接从塑料袋里啃。饭后，我们分别登上树梢望远，风景不错。

就在快要离开顶峰时，良在一棵树干上发现了一个囊群线形的禾叶蕨，从表面上看，一点也不特别。大家都激动起来，凑过去看这个蕨种并拍照。在同一树干的背面，我们发现了另一种较小的禾叶蕨，与先前采的种又不一样。这两个种的突然发现，令飞蚁队吃一大惊。看来我们对禾叶蕨类植物关注太少，知之甚少。

下山时，我们特别注意附生禾叶蕨类。又采到一种囊群矩圆形的禾叶蕨。看来，水龙骨科并不都具圆形囊群。又往下走，良和新茂在我前面。我在后面突然惊叫起来。新茂吓了一跳，以为发生了什么。我在一棵树干上发现了又一种禾叶蕨，它每个裂片上有2 ~ 3颗囊群，又是以前没采过的。让人没想到的是，我爬上树干，采到了一种禾叶蕨，其每个裂片只有一颗囊群。这显然又是一种没见过的蕨种。树上也采到一种尖嘴蕨。往前走两步，左边的树干上采到今天的第五种没见过的禾叶蕨，其裂片矩形，每个裂片2个囊群。简直令人难以置信！

再往上，良发现了今天的第六种禾叶蕨，其囊群成线形！今天简直是禾叶蕨的日子！这6种禾叶蕨的发现，使銮山之行异常的成功，所有受的苦都值了！我们希望这6种中至少有一个新属的发现。我们今后的实验工作会进一步证实。

我们的向导必须得去离营地约1公里的小溪边取水。营地在高处，因为怕洪水，在热带地区洪水可能突然而至，这也是我们必须睡吊床的原因；而高处没有水，只能去低处背。昨天到二号营地后，向导们去一个他们熟悉的低处背水，去后才发现那里根本就没有水，只得去一个离营地更远的地方取水。后来下了一阵雨，我们能收集一些雨水来用。

16：00我们跟着取水的向导们下到海拔1 352米的小溪边。这里生境不错，有许多蕨类植物。我们采到剑蕨、星蕨、叉蕨、薄唇蕨、双盖蕨、铁角蕨、毛蕨、禾叶蕨各一种；最出彩的是Nai找到了长有囊群的合囊蕨。我们前天采到了幼苗。这个属中国不产。它叶子可达2米长，多回羽状分裂，叶柄粗壮如树蕨，很美！如果有一天我的园子里能种上一棵合囊蕨，那将多好！

17：40路过一山岗，从那儿可以看到远处的村庄。我跟新茂说，看得见村庄，就一定有手机信号。新茂表示怀疑。打开手机，果然有4格信号。飞蚁队队员大喜，纷纷取出手机上网，15分钟后才离去。18：06到达营地。

有点累，作业也没完成。躺在吊床上，写今天的作业。良送来半杯Vit送的泡药酒，我俩分喝掉。

19：30晚饭。今天晚饭很特别，有两个菜是用山上野生秋海棠的叶柄烧的鱼。另外，还有绿茄子熏肉、炒鸭蛋。虽然小时候经常在山上嚼一些秋海棠叶柄解渴，那酸酸的味道让人口水长淌，立马止渴，但把它们当菜吃，这还是第一次。我们今天见了两种秋海棠。我问他们是用的哪一种；他们说是用的叶子不带刺的那种。我告诉他们，其实秋海棠全属约1 500个种都可以吃，包括带刺的种。

饭后是椰奶黑糯米粥作为甜点。好吃！我和良告诉罗教授和Nai，在中国我们经常把糯米粥当早餐。泰国人说，那在泰国绝对不行，那只能当甜点。

2013年，我跟良和Ngan在越南北部考察时，目睹柠檬在一山之隔的中国和越南得到截然不同的待遇，我在游记中曾提到政治对文化的影响。也许，泰国人和中国人在不同时间饮食糯米粥，又是一个政治对文化影响的例子。

用这种秋海棠叶子和叶柄做一个酸汤如何？

树干上的尖嘴蕨（*Lepisorus* sp.）真的有尖嘴。

2019-07-26

銮山—那空是贪玛叻

今天的计划是一路下山到公园口，进城，再往北走一段。明天回曼谷。从二号营地到公园口据说是13公里。这么长距离的山路，而且从海拔1 360米的地方下到海拔200米的公园口，是不小的挑战，但这还不是飞蚁队面临的最大的挑战。

更大的挑战是，这4天在銮山采的大约900份标本要在今晚全部处理：将不同的种分开，不同地方采的同种也分开，还有许多不确定的种也分开，编成连续的号，每号分成6份，将来分发给曼谷、昆植、云大、成都、版纳和密苏里的6个标本馆；每份尽量优美地展开在8开大小的报纸里，每份都是一个艺术品；每号标本还得取嫩叶碎片，放在茶叶袋中，用硅胶干燥，留作分子生物学实验用；每号标本的采集数据得输入到电脑里；之后，每份标本用瓦楞纸隔着，将标本捆成一捆，用热风机吹干；每5小时左右，取出吹干了的标本，不干的再回锅。

整个过程烦琐费时。今晚必须全部处理完约900份标本，烘干部分标本。飞蚁队队员都做好了打硬仗的准备。如果傍晚才能赶下山，那我们今晚都别想睡觉了。真希望能在凌晨四点前弄完，哪怕能睡两个多小时觉也好！多的，不能奢望。

早餐时，我们发现，怎么这么多菜？菜的量比平时多了一倍。罗教授说，向导和公园人员的菜，跟我们的在一起，我们先吃，他们后吃。他们总是把我们尊如上宾，而我们也总是叫他们过来一起吃。今天，帐篷及铺地上的塑料布已经收起来了。所以我们的菜在一起。

经过3天的相处，飞蚊队队员与他们逐渐熟悉，也逐渐建立起友谊。4个向导的名字是Nit、Nik、At、Do，两名公园人员是Jafe、Vit。刚上山时，公园两位工作人员常常绷着脸。第二天，Vit就拿他的泡药酒给我们喝。到了第三天、第四天，Vit还主动帮我们找蕨类，完全成了我们的“心腹”了。

9：20开始下山。为了赶时间，飞蚊队队员一路小跑，也得看周围是否有漏掉的蕨类，特别是在一号营地以下。Vit在前面带路。10：40我们就到了一号营地。其余的人也被我们拖着加速，最后他们到一号营地时也嫌时间太早，从而放弃了原计划在一号营地煮方便面吃的设想。这为我们节约了大量时间。按照泰国人的节奏，一歇，一生火，烧水，煮面，吃饱，再烧水泡杯咖啡，喝掉，再出发。那不得整一个半小时？

果然，不到12：00，我们就到了海拔400米左右的果园里的那个木头房。Vit从地里捡了4个榴梿。我们在房子那吃掉3个。后来罗教授他们也到了，我们吃了箩筐里的33个新鲜大山竹，要罗教授留下些钱。主人不在。

不到14：00我们就到达山下。当我右脚踏上山下的路上的那瞬间，我心里由衷地开心——我们终于安全地回到了山下，我们终于安全地结束了最后一个点的野外考察。26天里遇到的困难、挑战与危险太多。终于结束了。我们做到了！

Vit带我们去附近的他父亲家，请大家吃山竹，味道极好。罗教授也从那为我们买了两大塑料袋山竹。

16：00到那空是贪玛叻市，大家都饥饿难耐了。简单晚饭后，便是烦琐紧张的标本处理工作。每个人都尽全力：皮贝撕报纸，罗教授在报纸上写号，新茂和Nai将标本往报纸里放，良取DNA材料，我将塑料袋里的标本分成不同的种，再分给新茂和Nai，并将每个号及信息录入电脑。

提前数小时下到山下，我们赢得了宝贵的时间。23：40，在快要处理完标本前，赶在泰国法律规定凌晨0：00后不能卖酒之前，我去7-11买酒、鱼皮花生和土豆片。罗教授和Nai在午夜离开后，飞蚊队队员又忙到凌晨2：00左右。之后便是开怀畅饮，庆祝野外安全、成功地结束：前4天采得蕨类标本186号（希望有个新属）。

鱼皮花生和土豆片下啤酒，在那样的轻松愉快的气氛下，爽极了！两大听大象牌、两大听狮牌啤酒，喝掉！

附生的车前蕨（*Antrophyum* sp.）总是非常漂亮。

考察队员们紧张地压制标本到凌晨2：00。

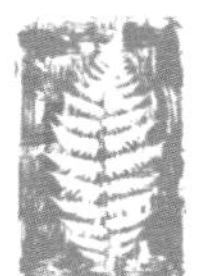

2019-07-27

那空是贪玛叻—沙没颂堪

那空是贪玛叻市这个城市名很长，但这还不是泰国最长的城市名，还有其他两个城市的名字更长：Prachuap Khiri Khan帕楚科里康，Phra Nakhon Si Ayutthaya弗拉那空是阿育塔耶市。更夸张的是，曼谷的英文全称有21个词、188个字母。世界上应该没有更长的城市名了吧？这个全称的意思是，所有天使都会保佑泰国的首都曼谷。这真是个有意思的名字，把宗教、信仰和祝愿都融于一个城市名。据说，泰国的小学生都得熟记曼谷的泰语全称。这也是爱国主义教育吧！要记住这么长的名字不易，不过他们有一首家喻户晓的歌曲，那要记住这名字，就不难了。

早上装好车后在旅馆附近的餐馆吃早餐。我不饿，良和新茂分享了一些吃的给我。里面有个菜很特别，藤蕨幼叶芋头汤。又一次品尝蕨菜。

约12：30，在春蓬府（Chumporn）兰顺市（Lang Suan）的一个名叫Haadyaai的饭店吃午饭。我们一进门，就被这个不起眼的小饭店所怔住。饭店只有3张约3米长的桌子。主食只有4种选择：米粉加4种不同汤菜，都是各种咖喱，可是每张长桌上都摆满了各种副食而且免费。这些副食多数是各种生蔬菜、沙拉。我们就餐的那张桌子上有25盘副食、13个不同的食物。泰国走了这么多地方，还是第一次见到这种餐馆。这些副食中，我最喜欢椰奶伴的豇豆、小玉米、小茄子、大茄子。

19：00到达沙没颂堪（Samut Songkhram）市。这里位于泰国夜功河（Mae Klong）的入海口附近。夜功河在这里河面宽阔，流速缓慢。晚餐的饭店是罗教授朱拉隆功大学的同事Thwesakdi教授特别推荐的。这里离曼谷约1小时车程。

这个位于夜功河村（Mae Klong Village）的饭店名叫Kru Moo Kitchen，以当地海鲜菜品著名，而且它位于夜功河上，环境优雅。

今天的晚餐有5个菜：柠檬叶姜丝蒜片辣椒扇贝，百里香蒜苗胡萝卜丝鱿鱼，柠檬汁甜小马鲛鱼，咸脆小马鲛鱼，冬阴鱼。个个美味十足，个个对我们来说都又是新品。据说，只有在这家饭店，才能吃到这样好的小马鲛鱼。今天的冬阴鱼很特别，用的是大马鲛鱼；汤里少了西红柿，多了百里香。

菜过五味，饭店的音响里忽然传来泰语版的邓丽君的歌《春天来到》。在异国听见那熟悉的音乐，宛转悠扬，仿佛注定要给这次27天野外考察画上一个完美的句号。这个夜晚好美！

25盘、13个不同的免费蔬菜、沙拉。

夜功河上最后的晚餐。

2019-07-28

曼谷

早餐在宾馆吃了一点点。罗教授和曼谷另一大学做蕨类植化的罗鹏教授11：45到中央宾馆。泰国教授罗鹏曾访问过昆明植物所，认识良。今天中午我们的合作者罗教授要请我们吃个收官之宴，以正式结束2019年中、美、泰国际考察队泰北、泰南联合蕨类植物考察。罗教授的侄女贝尔恩也参加了午宴。她去年曾有段时间参加我们的野外。

午宴在曼谷中央宾馆地铁对面的饭馆举行。我们以前在那里吃过两次饭，环境不错，但比较贵，就餐的多是入住中央宾馆的老外。据罗教授说，那里的冬阴功做得相当好（我们品尝过两次）。既然曼谷人这么说，那一定不错。

午餐6个菜：怕泰（炒米粉）、冬卡盖（椰奶鸡）、海钓（炒鸡蛋）、不辣擂蒜（Pla Lui Suan，即Fish in the Garden 园中之鱼）、不辣梅赛辣（Pla Merk Sai Larb，即Sour Pork in Squid Mixed with Local Spices 烤鱿鱼夹粉丝酸肉末），和一个什锦蔬菜。其中不辣梅赛辣尤其特别，是综合了泰东北名菜粉丝酸肉末和泰南名菜烤全鱿鱼而成。

本来订了1瓶大象啤酒，饭店给开了3瓶。良和我只好全部喝光。新茂喝了1杯。

结账时，我以为罗教授会认为很贵，谁知，她说在曼谷这地段，在这地铁旁，味道这么好，一点也不贵。

14：00结束午宴，喝得晕乎乎的。回旅馆睡一会儿。起来做了会儿作业。新茂敲门过来说，云南大学生态学院的庆军院长提议大家晚上一起吃个饭。正合我意。庆军一行5人到曼谷农大签合作备忘录，他们要利用农大林学院在北部和中部的生态站点做合作研究。庆军是我几十年的老朋友。我和妻子在1989年去西双版纳玩时认识的。跟庆军的故事，得另篇详述。总之，异国他乡见到老朋友，非常高兴。

庆军他们17：00多打车来到中央宾馆。我们一起去曼谷城中的中心世界Central World购物，飞蚊队队员们囊中羞涩，只能买些便宜小礼物。

购物花去两个多小时，然后大家聚在一起后找饭吃。走上天桥，下天桥，左拐进入夜市。气温很高。街边都是小店，容不下我等8人。后返回天桥下，过街，右拐，终于21：00左右才找到一家高档餐厅，冷气十足，却空无一客，因价高也！

不用看菜单，我直接用泰语名点泰国名菜：冬阴功、冬卡盖、送蛋、怕泰、不辣、不辣梅。良说，我们的泰语水平可以当泰国游的导游了。张付院长用中文点了空心菜。后来补加腰果一盘。美味冬阴功汤和冬卡盖汤被两位院长用来泡米饭吃。飞蚊队队员见状笑曰：“真没文化！”

庆军喝酒豪爽，两口喝光第一杯。昆明来的朋友们说泰国的啤酒好喝。其实，那是因为我国多是所谓淡啤，度数低、成本低，你可以多喝而不醉。

晚饭后两队人马各自回营。23：40飞蚊队员去7-11买小食品和泰国威士忌“红通”（Hong Thong）。回旅馆整理标本，将翼囊蕨的小羽片取下，并将在銮山采的禾叶蕨类分子材料分一部分带到成都。凌晨1：30将“红通”喝掉。

泰国教授罗鹏请大家午餐。

与云南大学的李庆军教授一行相遇曼谷，共进晚餐。

2019-07-29

曼谷—成都

昨天是泰国新国王的生日。大多数泰国人都穿起了黄色T恤，以祝贺他的生日。今天全泰国放假。罗教授早就为我们准备了黄色的T恤。今天早上要去朱拉隆功大学，飞蚁队队员都穿上了黄色T恤。罗教授他们10：45到达曼谷中央宾馆。皮贝和夫人看见我们穿的黄色T恤，很惊讶又高兴。

皮贝先送我们去朱拉隆功大学，把标本、纸板、DNA样品送到罗教授的实验室。原计划去完朱拉隆功大学后，去机场之前有一个半小时去吃午饭的，但今早罗教授告诉我们，她实验室还有一堆标本没分。那午饭是吃不成了。我们分完余下的标本，捆好，已经12：50了。必须得去机场了。新茂和良的飞机4点起飞。

告别过罗教授，皮贝和夫人送我们去机场。13：36就到了机场。付给皮贝夫人200泰铢，她愉快地接受了，良和新茂很惊讶。

飞蚁队队员都饿了。我去用英语问，哪里有比萨。回来跟新茂用中文交流，正准备去三楼买比萨。旁边一位坐在椅子上的女士见我又会英文又会中文，便问我能不能帮她问一问这机场有没有医生；她的心脏不好，很难受；她说她英语不好，别人听不懂。哇，这可是大事，我赶紧去问。幸好，三楼有医生。新茂我们一起下去，新茂去买比萨，我帮她在机场诊所在医务人员面前翻译。医生检查后，给她开了降低心率、放松身心的药。服下，果然好转。好悬！又带她去航空公司柜台要了快速通道的通行证。看来，单独出国旅行，一定得会一些英语，至少得会用网上资源进行简单的翻译和交流才好。

川航3U8146曼谷到成都的飞机17：55准点起飞。起飞前，赶紧浏览了一下新闻。

考察结束，飞蚊队队员都成了伤员。前两天回到曼谷，才了解到良的右大腿伤得不轻。24日从銮山一号营地到二号营地途经一小河，良在河边观察一株树蕨时不幸滑倒摔在水边的一个石头上，这几天他都忍着一直没吭声。我记得2018年跟小段和Matthias在贵州考察，我也伤到相同的大腿部位，一年多后，摸着还痛。希望良很快好起来。

我左手手腕在銮山被蚂蟥咬了的两处伤口有些好转，但有一处仍然红肿，并不断地流黄水。还得过几天，才能完全康复。新茂左脚上的5处蚂蟥伤口也不轻。良今年受蚂蟥之伤少一些，他甚至是今年最坚强的战蚂蟥斗士，深入敌后、主动攻击蚂蟥数十次，剪断蚂蟥数十根之众。

暂时告别了蚂蟥，来年秋天再战！

飞蚊队飞起来。

在朱拉隆功大学植物系，队员们紧张地整理标本。

告别泰国，去曼谷机场前，罗教授为我们准备了为庆祝泰国国王生日的黄色的T恤。

附：2019年泰国考察后记

悬崖千丈，山脊峻险。
丝丝缕缕，薄雾飘散。
远峰近山，若隐若现。
恍若仙境，美轮美奂。

南星待放，苞片绵延。
报春花开，独我爱怜。
棕榈屹立，风中傲寒。
凤仙花过，尚存枝干。

碎米蕨种，叶背黄点。
荫地蕨类，叶子一片。
铁角蕨属，囊群椭圆。
棕榈枯顶，瓦韦抱团。

考察蕨类，清道山间。
一九七月，泰北再南。
探索自然，奥秘无限。
日日苦累，不畏炎寒。
日日餐风，粗茶淡饭。
夜夜露宿，辗转难眠。

昼行万米，步履蹒跚。
夜以继日，三更夜半。

蚊虫叮咬，肿块一片。
蚂蟥骚扰，血流不断。
蜱虫敌对，可致脑炎。
毒蛇威胁，生命或险。
瓶尔小草，风姿独展。
分离耳蕨，泰北初现。
高山蹄盖，囊群罕见。
短肠蕨种，索耐似线。

虽说不具，鲜花绚烂。
叶背囊群，星星点点。
大千世界，复杂纷繁。
世界蕨类，属种万千。
蕨海无涯，勤学苦练。
放眼全球，立足当前。
识别蕨种，独具慧眼。
此生有你，苦也心甘。

陡峭攀登，光辉顶点。
美丽风光，令人赞叹。
科学高峰，坚定信念。
唯我称雄，不枉少年。